脆性光学元件弹性域超光滑表面加工技术

彭文强 李圣怡 著

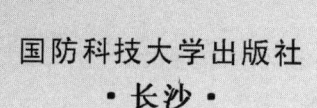

国防科技大学出版社
·长沙·

图书在版编目（CIP）数据

脆性光学元件弹性域超光滑表面加工技术 / 彭文强，李圣怡著. -- 长沙：国防科技大学出版社，2025.1. -- ISBN 978 - 7 - 5673 - 0670 - 7

Ⅰ. TH74

中国国家版本馆 CIP 数据核字第 2024J792A6 号

脆性光学元件弹性域超光滑表面加工技术
CUIXING GUANGXUE YUANJIAN TANXINGYU CHAOGUANGHUA BIAOMIAN JIAGONG JISHU

彭文强　李圣怡　著

责任编辑：杨　琴　罗茹馨
责任校对：唐　洋

出版发行：国防科技大学出版社	地　　址：长沙市开福区德雅路 109 号
邮政编码：410073	电　　话：(0731) 87028022
印　　制：国防科技大学印刷厂	开　　本：710×1000　1/16
印　　张：9.75	插　　页：8 页
字　　数：193 千字	
版　　次：2025 年 1 月第 1 版	印　　次：2025 年 1 月第 1 次
书　　号：ISBN 978 - 7 - 5673 - 0670 - 7	
定　　价：55.00 元	

版权所有　侵权必究

告读者：如发现本书有印装质量问题，请与出版社联系。

网址：https://www.nudt.edu.cn/press

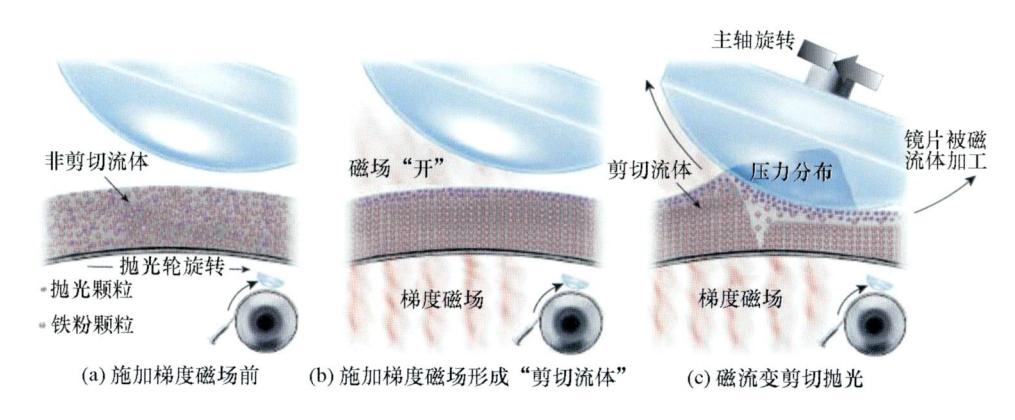

(a) 施加梯度磁场前　(b) 施加梯度磁场形成"剪切流体"　(c) 磁流变剪切抛光

图 1.3　磁流变抛光原理示意图

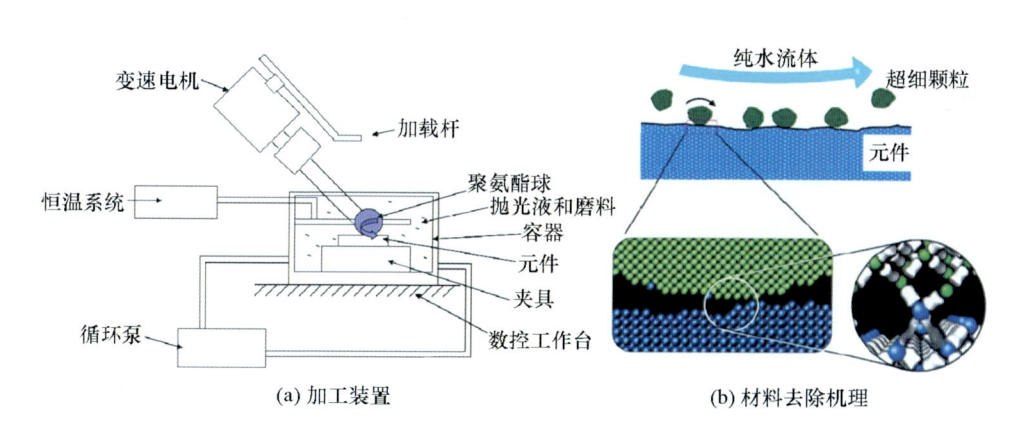

(a) 加工装置　(b) 材料去除机理

图 1.7　弹性发射加工装置及材料去除机理示意图

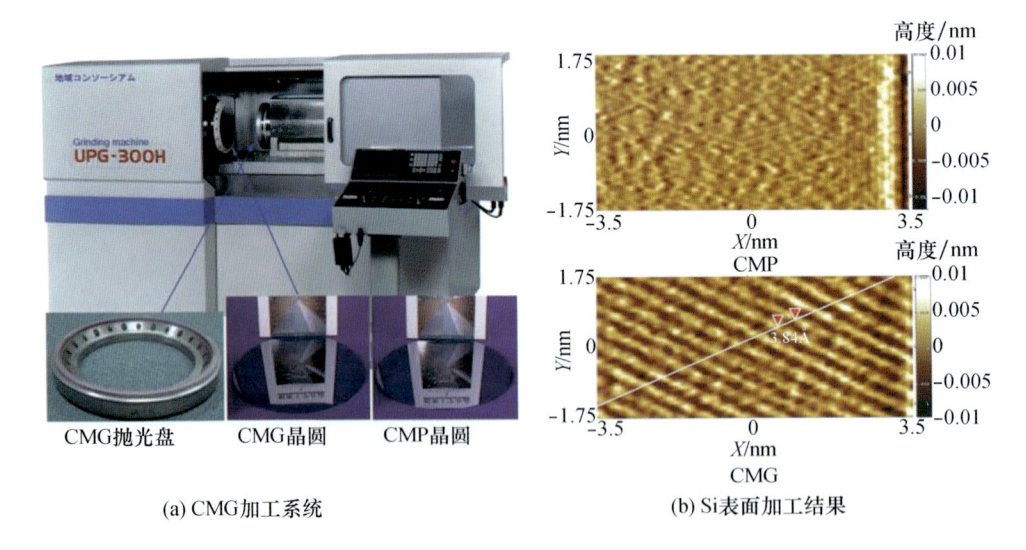

(a) CMG加工系统　　　　　　　　(b) Si表面加工结果

图 1.8　化学机械磨削加工系统及典型加工结果

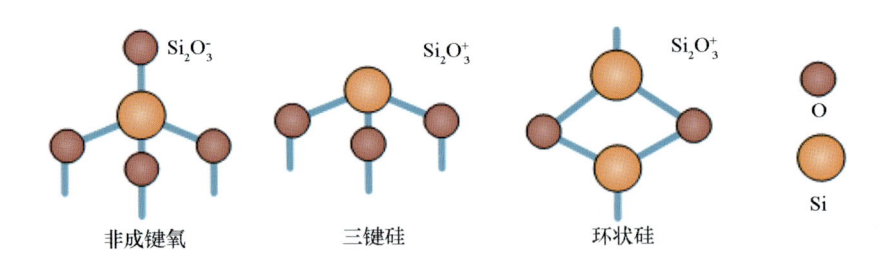

图 2.2　石英玻璃表面不饱和结构示意图

· 2 ·

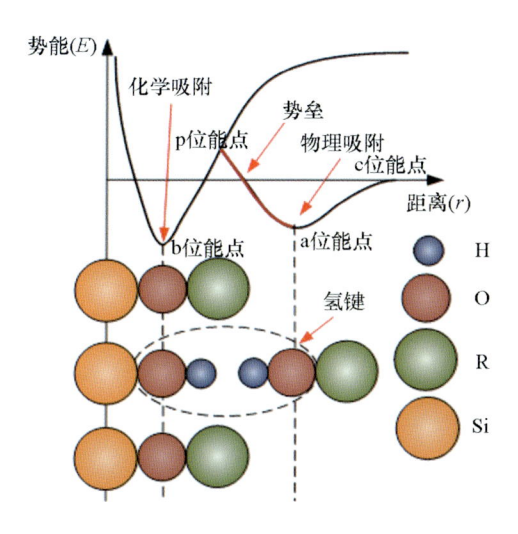

图 2.7 纳米抛光颗粒与光学元件表面的化学吸附过程示意图

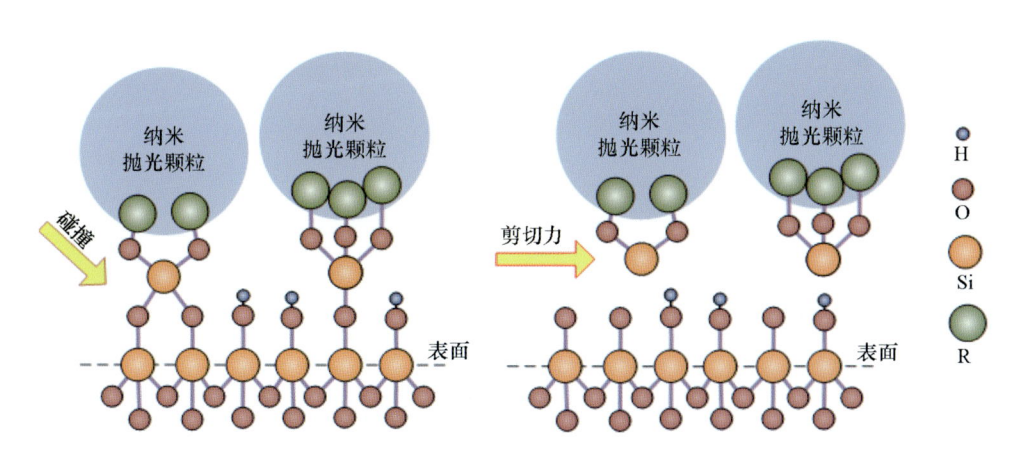

图 2.8 基于化学吸附的表面材料去除过程示意图

· 3 ·

(a) 垂直喷射　　　　　　　　　　(b) 倾斜45°喷射

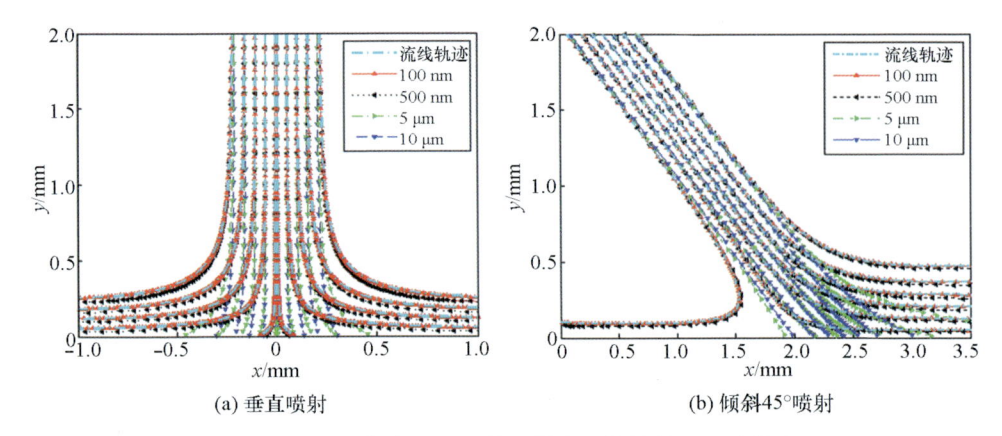

图 2.14　不同角度下不同粒径抛光颗粒的射流运动轨迹

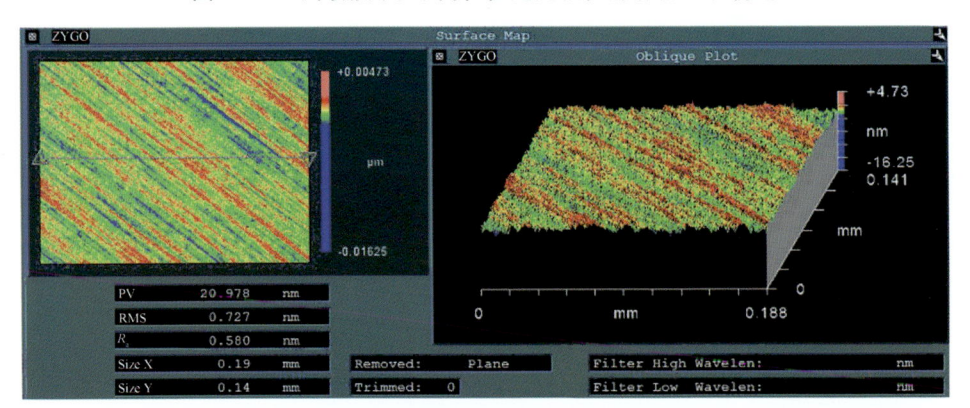

(a) 加工前

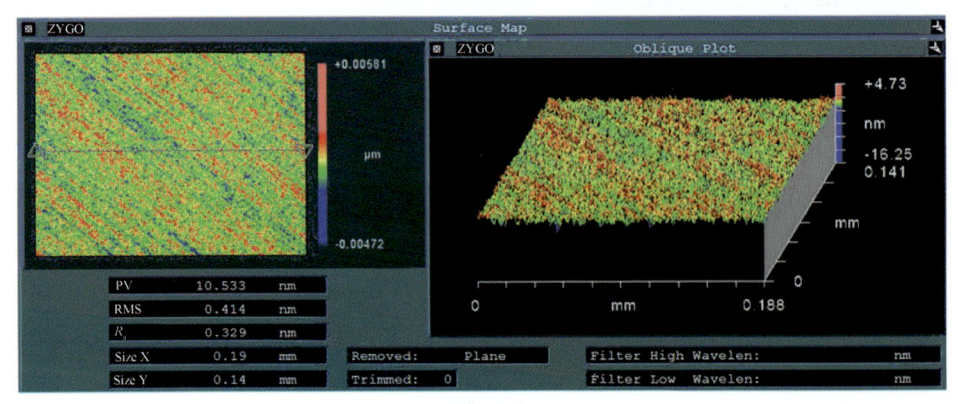

(b) 加工后

图 2.19　加工前后 ZYGO New View 700 表面粗糙度测试结果

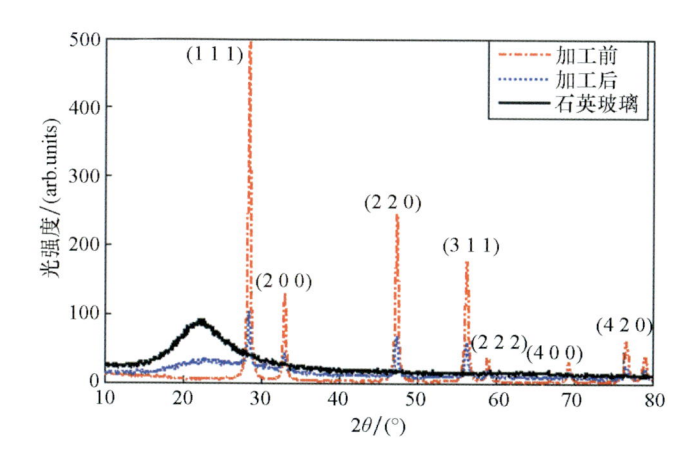

图 2.22 加工前后纳米氧化铈和石英玻璃的 XRD 分析结果

(a) I

(b) V

图 2.24 不同组分纳米氧化铈抛光液的颜色

(a) 三维模型

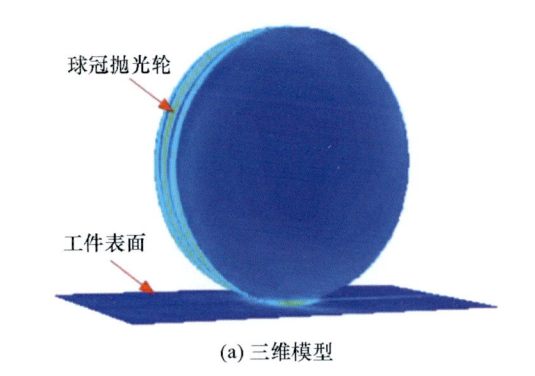

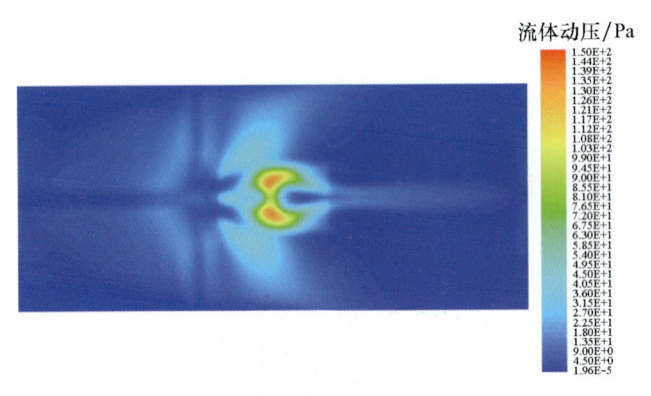

(b) 光学元件表面流体动压分布

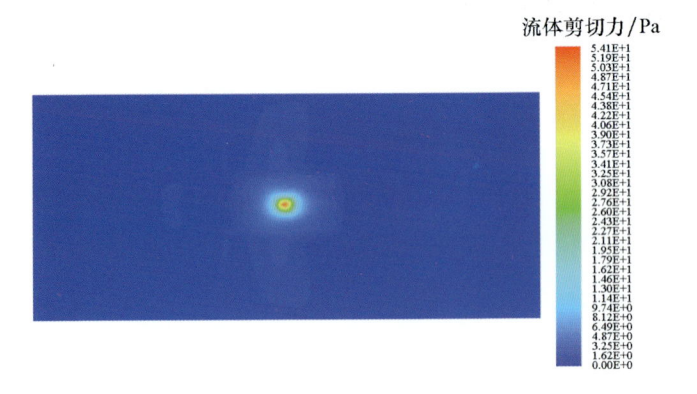

(c) 光学元件表面流体剪切力分布

图 3.3　流体动压超光滑加工的流体动力学仿真结果

(a) 加工前　　　　　　　　　　　(b) 加工后

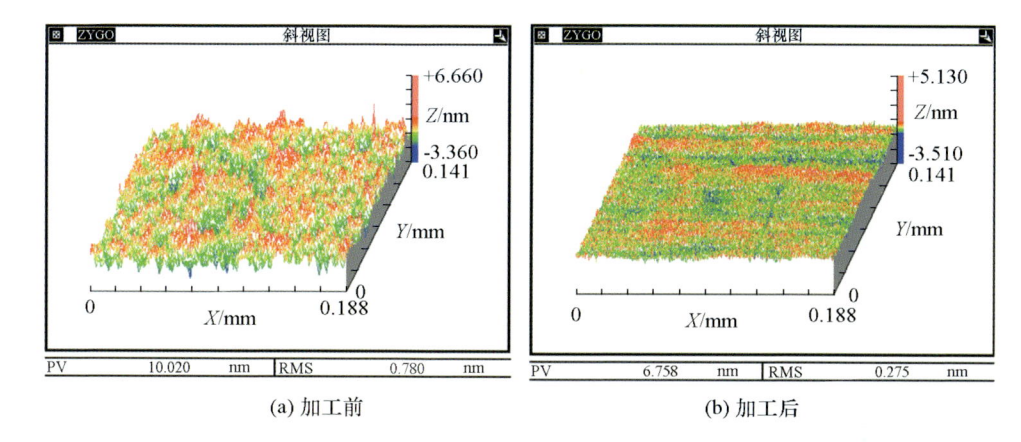

图 3.13　流体动压超光滑加工前后表面的 New View 700 测试结果

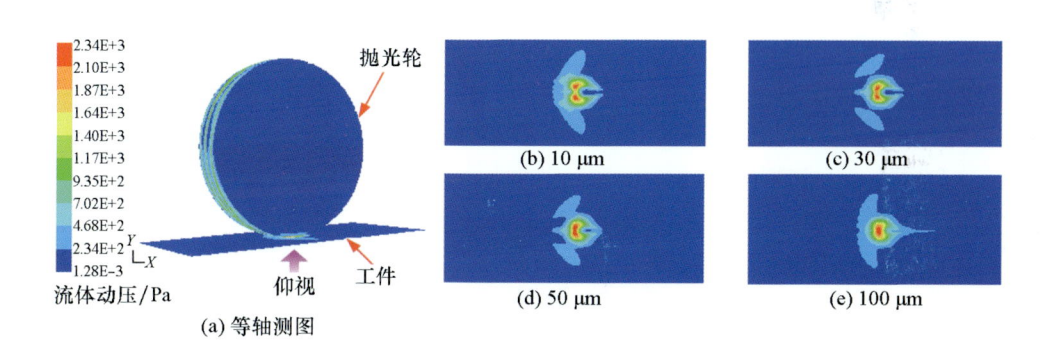

图 4.2　不同间隙作用下流体动压分布

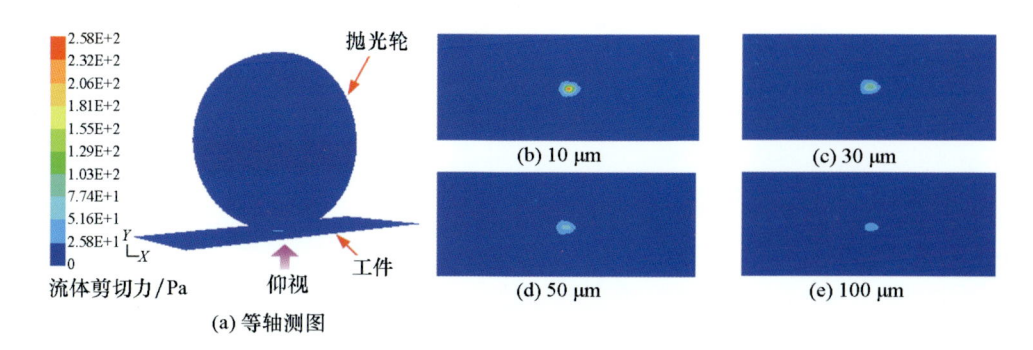

图 4.3　不同间隙作用下流体剪切力分布

(a) 10 μm

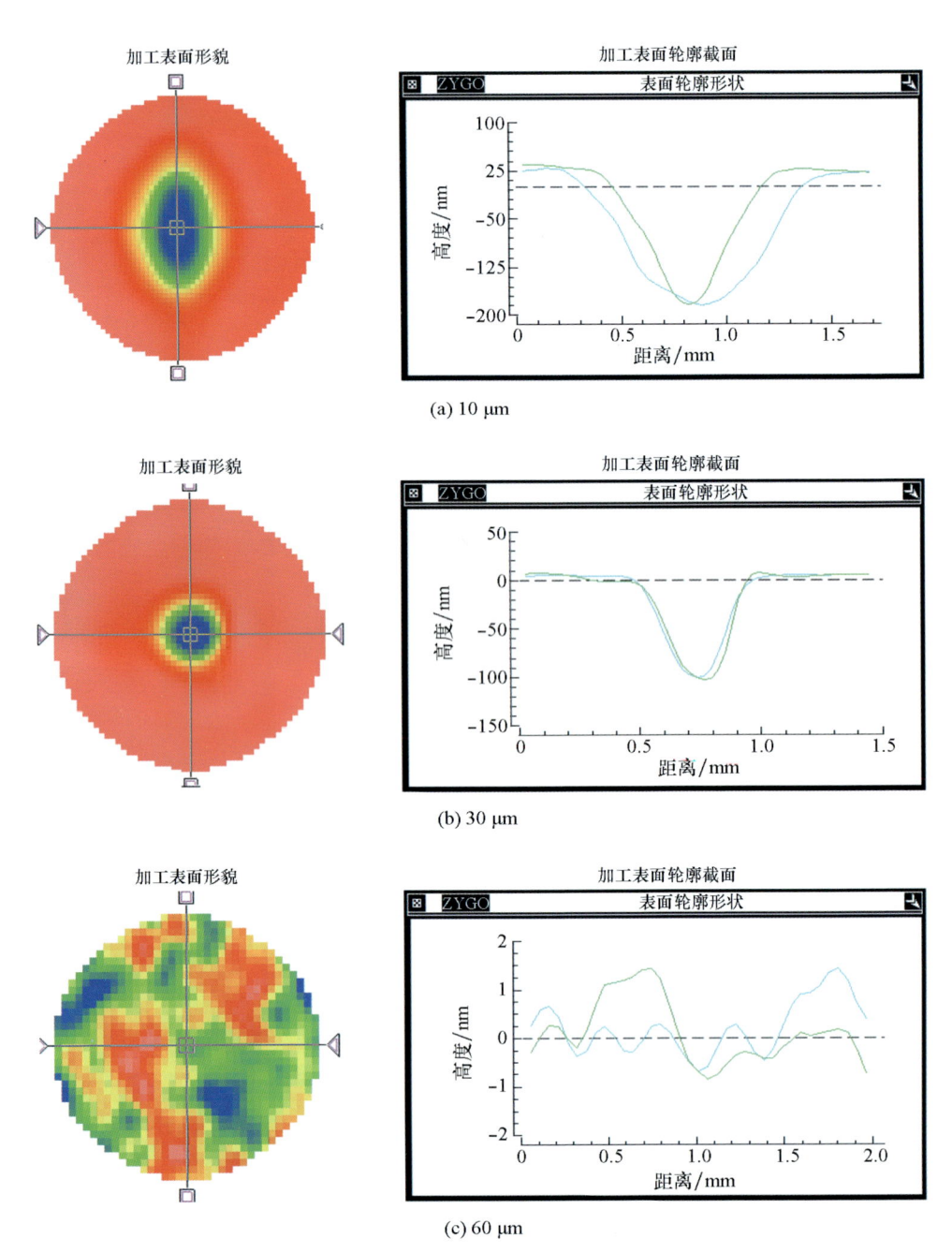

(b) 30 μm

(c) 60 μm

图 4.4　不同间隙下定点抛光实验结果

· 8 ·

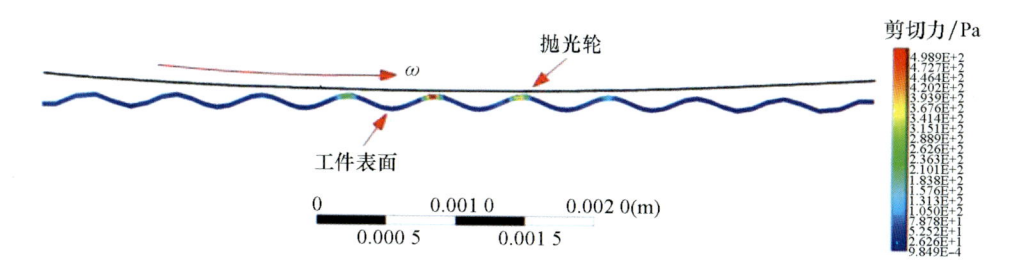

图4.6 波纹表面流体剪切力分布仿真结果

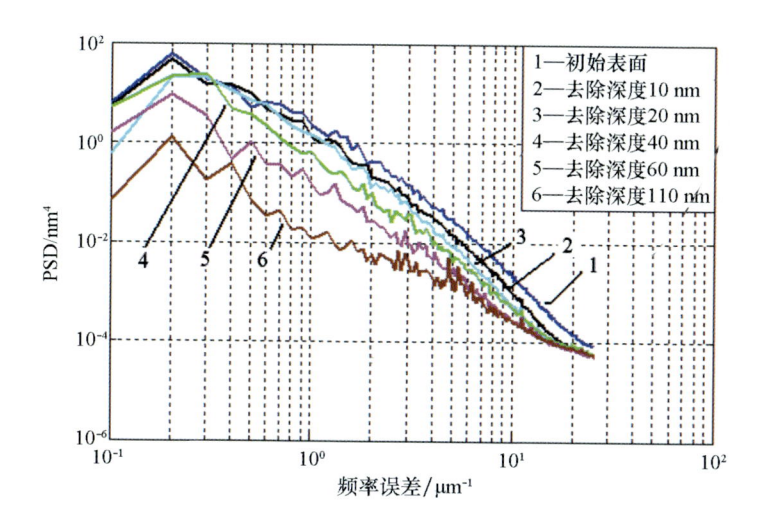

图4.11 不同去除深度表面的PSD曲线分析

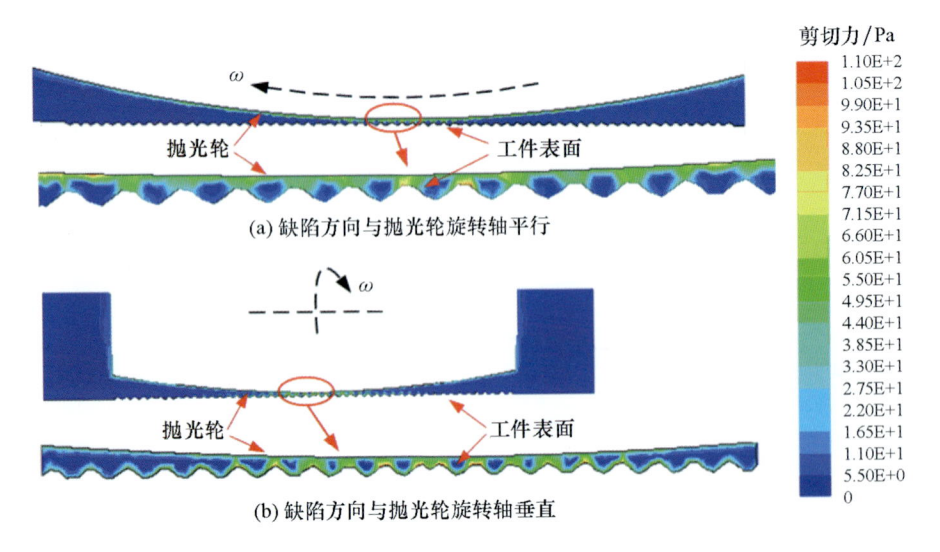

图 4.13 不同缺陷类型表面的流体剪切力分布

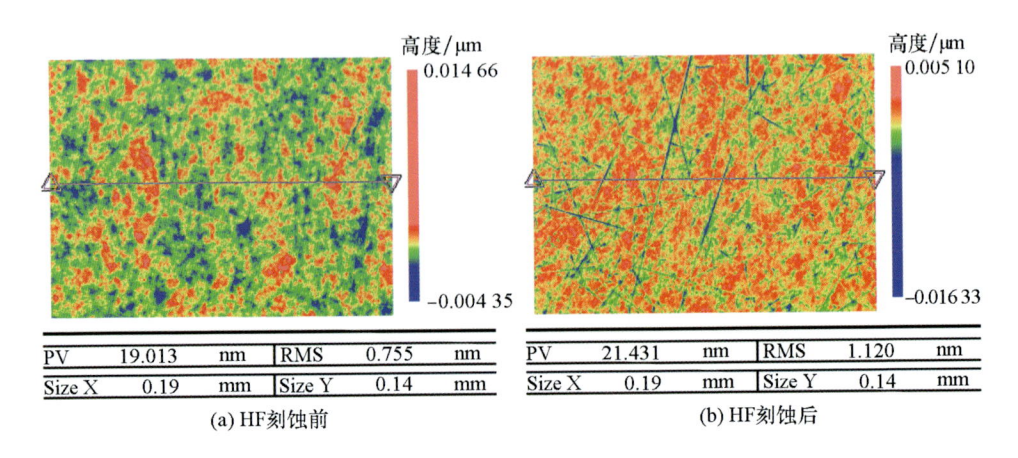

(a) 缺陷方向与抛光轮旋转轴平行

(b) 缺陷方向与抛光轮旋转轴垂直

PV	19.013	nm	RMS	0.755	nm
Size X	0.19	mm	Size Y	0.14	mm

(a) HF 刻蚀前

PV	21.431	nm	RMS	1.120	nm
Size X	0.19	mm	Size Y	0.14	mm

(b) HF 刻蚀后

图 4.14 未加工表面 HF 刻蚀前后的 ZYGO New View 700 观测结果

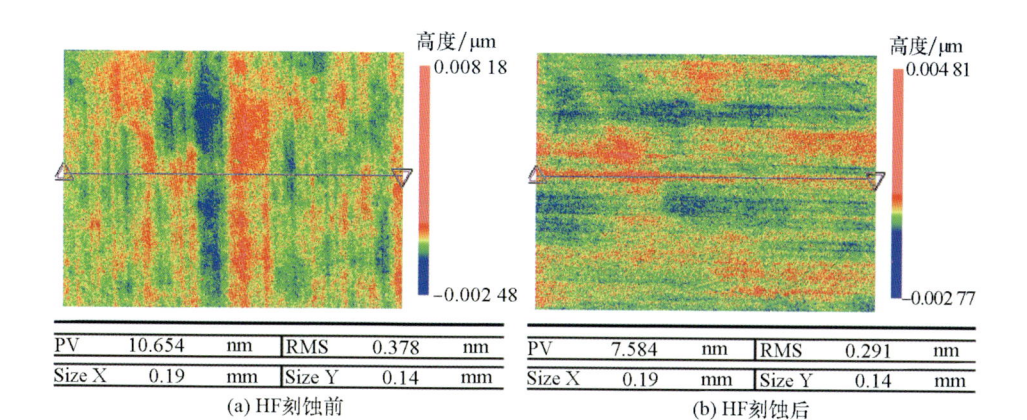

| PV | 10.654 | nm | RMS | 0.378 | nm |
| Size X | 0.19 | mm | Size Y | 0.14 | mm |

(a) HF刻蚀前

| PV | 7.584 | nm | RMS | 0.291 | nm |
| Size X | 0.19 | mm | Size Y | 0.14 | mm |

(b) HF刻蚀后

图 4.15 已加工表面经 HF 刻蚀前后的 ZYGO New View 700 观测结果

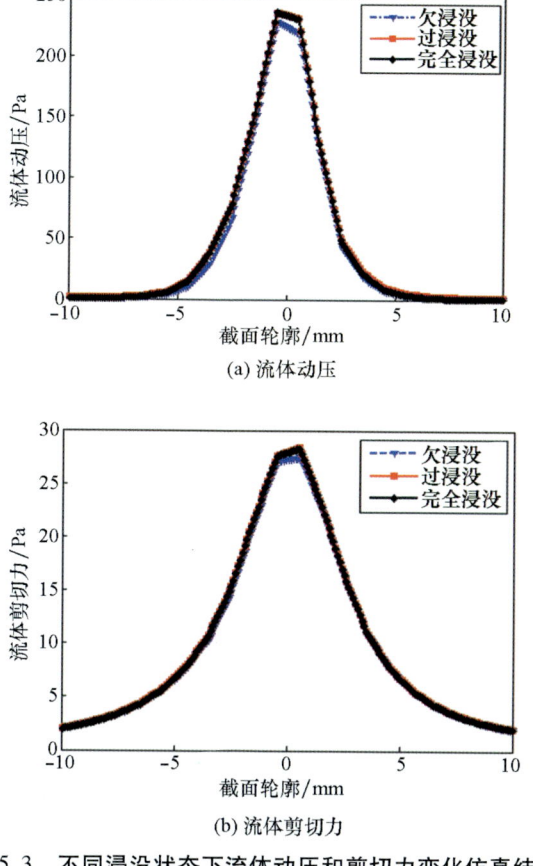

(a) 流体动压

(b) 流体剪切力

图 5.3 不同浸没状态下流体动压和剪切力变化仿真结果

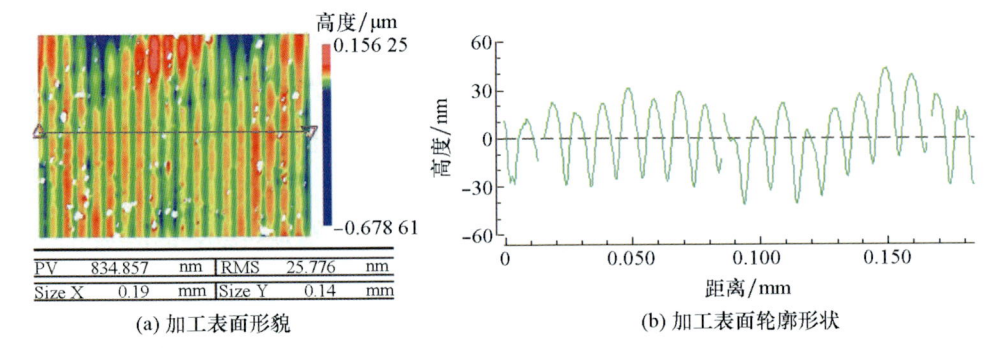

(a) 加工表面形貌　　　　　　　　　　(b) 加工表面轮廓形状

图 5.10　抛光轮表面结构测量结果

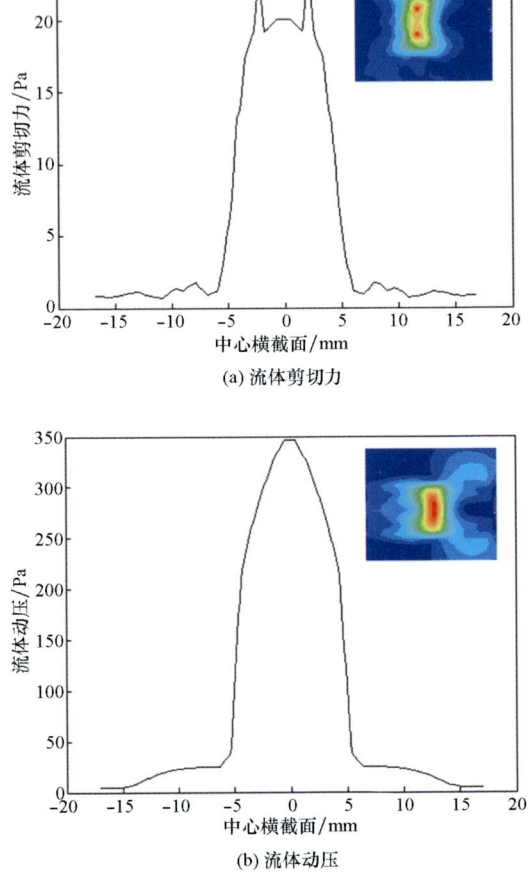

(a) 流体剪切力

(b) 流体动压

图 5.12　光滑表面抛光轮作用下光学元件表面流体剪切力和流体动压分布

(a) 流体剪切力

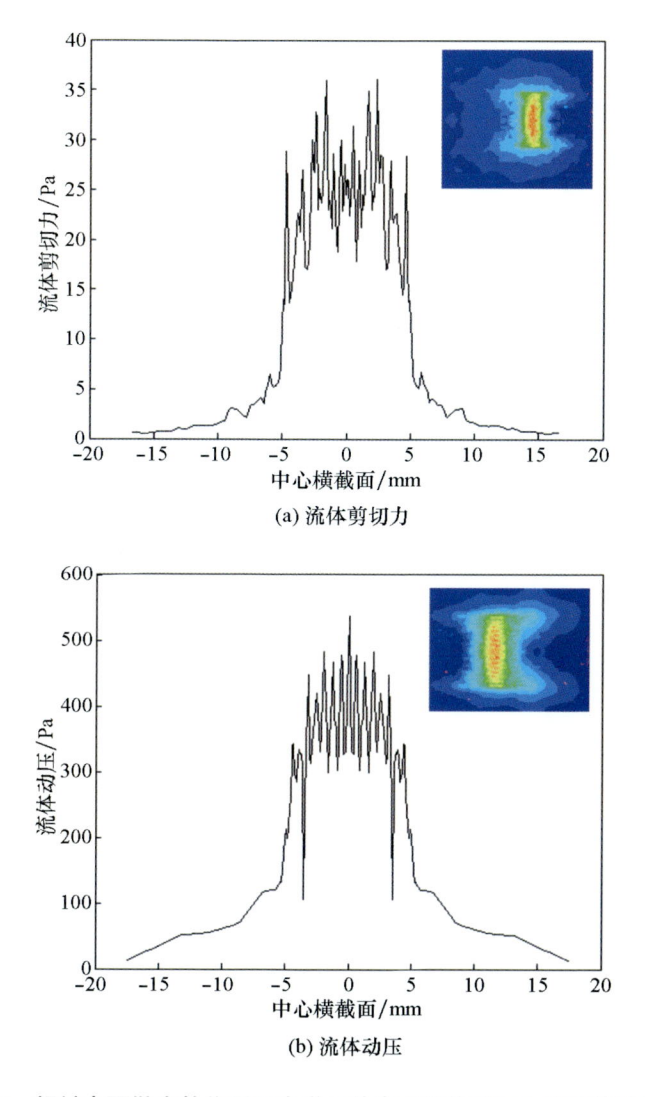

(b) 流体动压

图 5.13　粗糙表面抛光轮作用下光学元件表面流体剪切力和流体动压分布

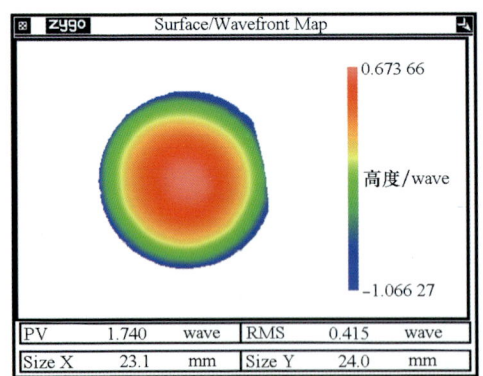

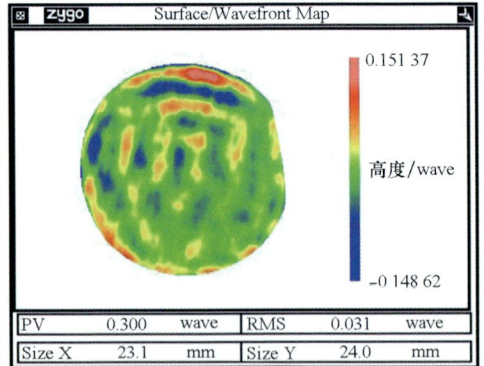

(a) 初始表面

(b) MRF加工

(c) 流体动压超光滑加工

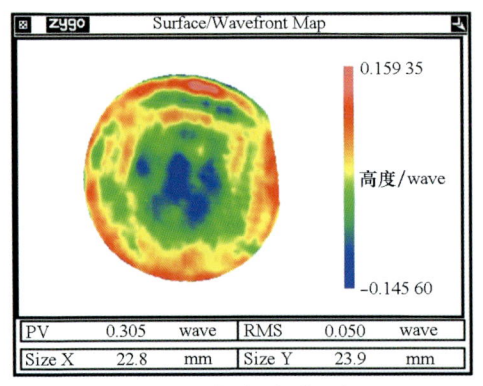

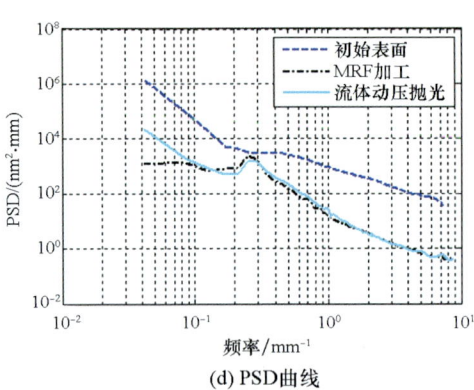

(d) PSD曲线

图6.10 不同阶段低频面形误差以及相应PSD曲线分析

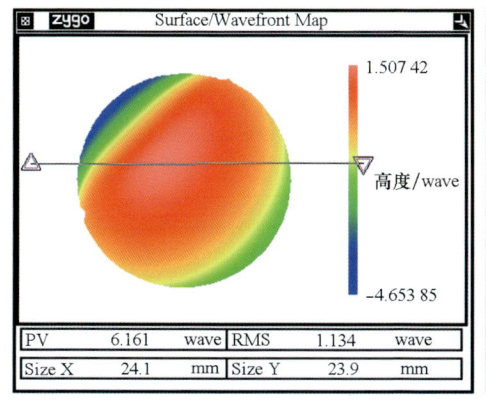

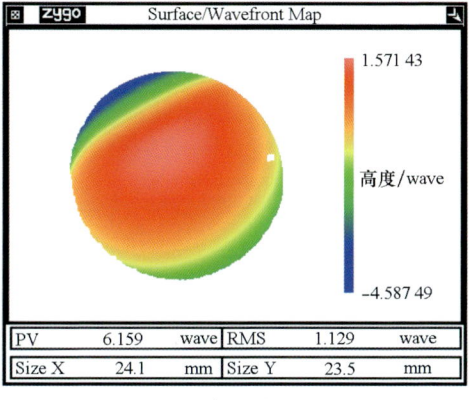

(a) 加工前　　　　　　　　　　　　(b) 加工后

图 6.12　小装夹力作用下流体动压超光滑加工前后表面面形

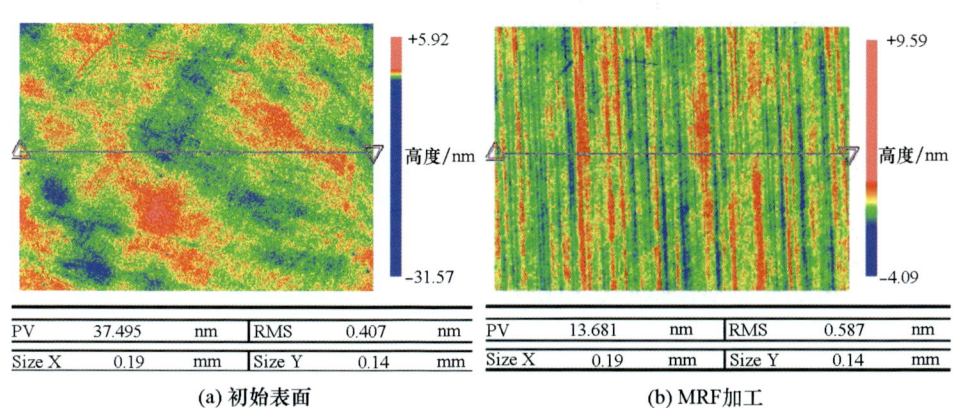

(a) 初始表面　　　　　　　　　　　(b) MRF加工

(c) 流体动压超光滑加工 (d) PSD曲线

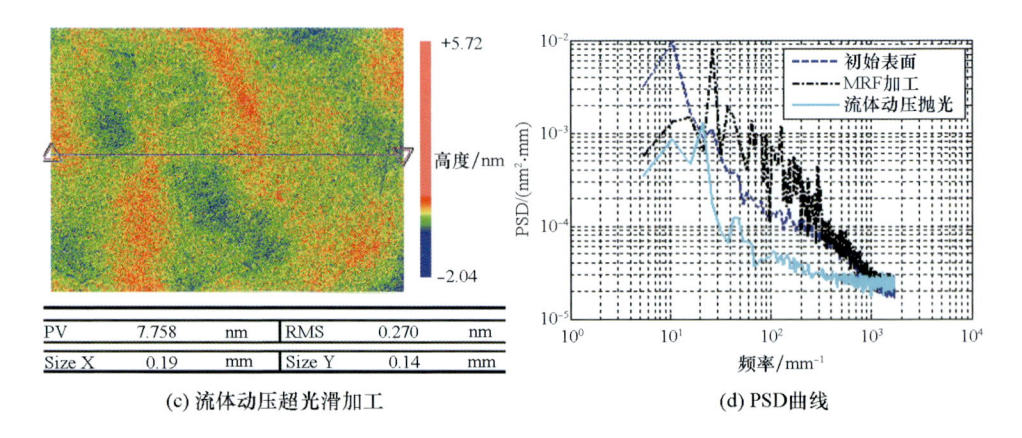

图 6.13　不同阶段中频粗糙度及相应的 PSD 曲线分析

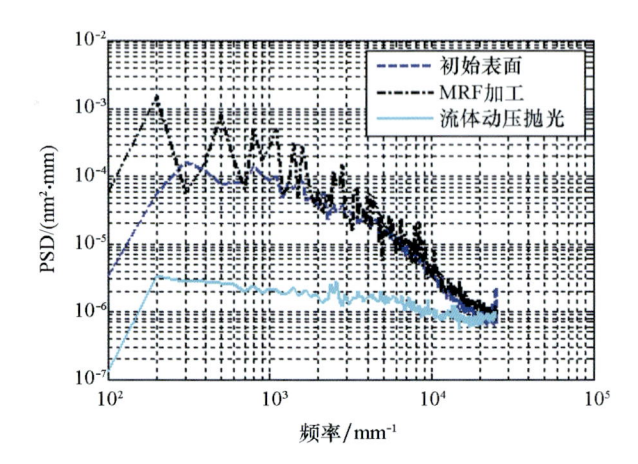

图 6.15　不同加工阶段的高频粗糙度 PSD 曲线分析

前言

现代光学技术的发展对光学元件表面质量的要求不断提高。以极紫外光刻技术为例，不仅要求光学元件的表面粗糙度达到原子级水平，还要求表面无任何缺陷近乎晶格完美。目前光学加工方式以脆性去除和塑性去除两种为主。脆性去除是通过空隙、裂纹的形成、延展、剥落及碎裂等方式来实现的，在材料去除过程中很容易产生裂纹、脆性划痕等表面缺陷，严重影响加工表面质量；塑性去除则类似于金属切削，涉及滑擦、耕犁和切屑形成过程，材料是以剪切切屑形成方式被去除的。脆性材料的塑性加工方式虽然可以获得相对比较平滑的加工表面，但在材料去除过程中很容易产生塑性划痕、表面残余应力层等缺陷影响表面质量。因此这两种材料去除方式都无法满足现代光学系统对表面完整结构及原子级超光滑表面的加工要求。传统以塑性范围内材料去除为主的超光滑表面加工方法虽然容易在一定程度上获得较低的表面粗糙度，但难以避免表面和亚表面损伤、加工变质层以及残余应力层等问题。能否突破零缺陷超光滑表面加工技术，改进目前工艺流程，从而满足现代光学系统飞速发展对超光滑表面的需求，是本书研究关注的核心。将材料去除过程控制在基体材料的弹性域，即去除过程仅对光学元件产生弹性扰动，不使基体材料产生塑性变形，加工后表面原子排布的相互位置关系就不会发生改变，那么加工过程将不会产生新的划痕和应力等缺陷，零缺陷超光滑表面加工就有可能实现。

　　本书对基于光学材料弹性域去除的超光滑表面加工方法进行了研究。深入探讨了界面化学吸附过程中光学元件表层原子键能弱化的规律，以及弹性域去除的临界条件；详细设计了弹性域流体动压超光滑加工装置以实现光学材料弹性域去除；重点研究了加工过程中材料去除特性、加工工艺优化以及材料的可加工性等关键问题。针对不同应用需求，开展相关加工实验，验证了该方法的超光滑表面加工能力。

　　本书内容以脆性光学元件原子级超光滑加工为应用背景，提出了脆性光学元件弹性域超光滑加工方法，对光学材料弹性域去除机理展开了全面深入的研究。本书共分为六章，书中第1、2章由彭文强、李圣怡共同执笔，第3、4、5章由彭文强执笔，第6章由彭文强、李圣怡共同执笔。本书研究得到了国家自然科学基金和湖南省自然科学基金的资助，也得到了国防科技大学关朝亮副研究员的指点与帮助。在此对所有为相关内容研究与出版提供支持的单位和个人一并表示感谢。由于个人水平有限，疏漏和不妥之处在所难免，敬请批评指正。

彭文强
2024 年 11 月

目录 CONTENTS

第1章 超光滑表面加工技术概述 ………………………………（1）

1.1 研究背景 …………………………………………………（1）
1.1.1 现代光学系统对加工表面质量的要求 ………………（1）
1.1.2 弹性域加工方法的可行性 ……………………………（4）

1.2 研究现状 …………………………………………………（6）
1.2.1 传统方法 ………………………………………………（6）
1.2.2 新方法 …………………………………………………（7）
1.2.3 弹性域去除机理研究现状 ……………………………（14）

第2章 光学材料弹性域去除机理研究 ……………………（15）

2.1 表层原子键能的弱化机制 ……………………………（16）
2.1.1 光学元件表面的羟基化过程 …………………………（16）
2.1.2 纳米抛光液的物理化学特性 …………………………（20）
2.1.3 光学元件表层原子的键能弱化反应 …………………（22）

2.2 光学材料加工弹性接触模型 …………………………（27）
2.2.1 实验分析 ………………………………………………（28）
2.2.2 临界条件 ………………………………………………（30）

2.3 弹性域去除机制的实验验证 …………………………（31）

  2.3.1 纳米抛光颗粒运动轨迹 ……………………………（32）
  2.3.2 纳米抛光颗粒与光学元件表面的碰撞模型 ………（34）
  2.3.3 纳米抛光颗粒弹性域射流加工效果 ………………（39）
  2.3.4 弹性域去除实现的证据 ……………………………（40）
 2.4 不同纳米抛光颗粒的材料去除特性 ……………………（45）
  2.4.1 纳米氧化铈抛光颗粒 ………………………………（45）
  2.4.2 纳米氧化硅抛光颗粒 ………………………………（49）
 2.5 小结 …………………………………………………………（52）

第3章 弹性域流体动压超光滑加工装置设计 …………（54）

 3.1 加工系统的提出 …………………………………………（54）
  3.1.1 现有弹性域超光滑加工方式的局限性 ……………（55）
  3.1.2 弹性域流体动压超光滑表面加工的原理 …………（56）
 3.2 加工模型的建立 …………………………………………（58）
  3.2.1 理论分析 ……………………………………………（58）
  3.2.2 模型研究 ……………………………………………（60）
 3.3 加工系统的关键机构设计 ………………………………（63）
  3.3.1 流体动压超光滑加工系统的组成 …………………（63）
  3.3.2 多轴运动平台 ………………………………………（64）
  3.3.3 流体动压超光滑加工的抛光头优化设计 …………（65）
 3.4 加工装置的性能测试 ……………………………………（68）
  3.4.1 抛光轮旋转精度测试 ………………………………（68）
  3.4.2 抛光头温度稳定性测试 ……………………………（72）
  3.4.3 加工能力测试 ………………………………………（73）
 3.5 小结 …………………………………………………………（75）

第4章 流体动压超光滑加工的特性研究 …………………（76）

 4.1 材料去除模型 ……………………………………………（76）
  4.1.1 材料去除理论分析 …………………………………（76）
  4.1.2 流体动力学仿真分析 ………………………………（79）

  4.1.3 实验建模分析 …………………………………………（81）
4.2 表面形貌演变规律 ………………………………………………（83）
  4.2.1 传统抛光的表面和亚表面模型 ………………………………（83）
  4.2.2 表面微观形貌随深度变化规律 ………………………………（85）
  4.2.3 表面质量随深度变化规律 ……………………………………（87）
  4.2.4 表面结构特性对超光滑加工性能的影响 ……………………（88）
4.3 表面性能评价 ……………………………………………………（90）
  4.3.1 HF 刻蚀表面/亚表面质量分析 ………………………………（90）
  4.3.2 纳米压痕表面物理性能分析 …………………………………（93）
4.4 小结 ………………………………………………………………（94）

第 5 章 流体动压超光滑加工工艺规律研究 …………………（96）

5.1 工艺参数影响规律 ………………………………………………（96）
  5.1.1 抛光轮浸没深度对材料去除速率的影响 ……………………（96）
  5.1.2 抛光轮转速对材料去除速率的影响 …………………………（99）
  5.1.3 抛光间隙对材料去除速率的影响 ……………………………（100）
  5.1.4 工艺参数综合影响分析 ………………………………………（102）
5.2 微细抛光纹路的控制 ……………………………………………（103）
  5.2.1 微细抛光纹路产生机理 ………………………………………（103）
  5.2.2 微细抛光纹路抑制策略 ………………………………………（107）
5.3 小结 ………………………………………………………………（114）

第 6 章 流体动压超光滑表面加工实验 …………………………（115）

6.1 不同材料可加工性的实验探索 …………………………………（115）
  6.1.1 单晶硅 …………………………………………………………（116）
  6.1.2 单晶石英 ………………………………………………………（117）
  6.1.3 非晶硅酸盐玻璃 ………………………………………………（118）
  6.1.4 微晶玻璃 ………………………………………………………（119）
6.2 不同前期工艺表面质量提升实验 ………………………………（122）
  6.2.1 离子束加工 ……………………………………………………（122）

6.2.2　磁流变加工 …………………………………………（123）
6.3　圆形平面镜全频域控制实验 ……………………………………（124）
　　6.3.1　低频面形控制 ………………………………………（125）
　　6.3.2　中频粗糙度控制 ……………………………………（127）
　　6.3.3　高频粗糙度控制 ……………………………………（128）
6.4　石英玻璃激光诱导损伤阈值提升初步实验 ……………………（130）
　　6.4.1　测试系统 ……………………………………………（131）
　　6.4.2　结果与分析 …………………………………………（132）
6.5　小结 ………………………………………………………………（133）

参考文献 …………………………………………………………………（135）

第 1 章
超光滑表面加工技术概述

1.1 研究背景

1.1.1 现代光学系统对加工表面质量的要求

现代光学及光电子学领域的发展对光学元件表面质量提出了极其严格的要求：作为光学元件表面，应具有极小的表面粗糙度以保证其极低的散射特性；作为功能元件表面，应具有完整的晶格结构以保证其极高的灵敏性、可靠性以及极高的频响性。一般将具有上述特征的表面称为超光滑表面，其主要特征具体表现为[1-3]：表面粗糙度的均方根（root mean square，RMS）值小于1 nm；极低的表面加工残余应力；近乎无缺陷的表面和亚表面；完整的晶体表面结构。随着相关产业的快速发展，对超光滑表面光学元件的要求也越来越高，同时需求也日益增加。

在分析光刻技术中光学元件表面质量对光刻系统的影响时，德国 Zeiss 公司在研究光刻物镜制造过程中的误差时发现[4]：中频表面粗糙度误差将使光线发生小角度散射，导致像面出现耀斑，影响对比度和分辨率；高频表面粗糙度误差将使光线发生大角度散射，影响光通量并降低光学元件表面的反射率。在光刻机曝光系统的应用中，根据光学表面的光散射理论[5]，光学元件的表面粗糙度会对入射光线造成严重的光散射损耗。因此，为提高反射率，必须对光刻物镜表面粗糙度进行严格的控制。193 nm 的深紫外光刻技术要求光刻物镜的表面粗糙度的 RMS 值小于 0.5 nm[6]。下一代极紫外光刻（extreme ultraviolet lithography，EUVL）技术所使用的激光光波长是 13.5 nm，EUVL 系统采用的是反射式掩模光刻系统，图 1.1 是 Nikon 公司设计的六镜 EUVL 系统的光刻物镜组装图及其加工精度[7-8]。从图中可以看出，光刻物镜在具有极高面形精度的同时，中高频表面粗糙度也已经达到亚埃米级精度水平。这表明 EUVL 系统对光学元件的超光滑表面加工提出了非常高的要求。

在光刻机曝光系统的应用中，为了减少光散射损失和镀膜不均匀性对 EUVL 系统的影响，EUVL 系统中的光刻物镜对表面质量提出了更高的要求。具体要求为[9]：波长为 1 μm 到 1 mm 时的中频表面粗糙度误差（middle spatial resolution frequency，MSRF）应小于 0.2 nm，波长小于 1 μm 时的高频表面粗糙度误差（high spatial resolution frequency，HSRF）应小于 0.1 nm。同时还要求其形状为离轴非球面、表面无任何缺陷。加工和检测都接近物理极限，这给超光滑表面加工技术带来巨大的挑战。在强激光光学系统的激光器中，不同光学元件的抗激光诱导损伤能力决定了系统运行的稳定性以及输出的功率密度。在激光核聚变强光光学系统中，理论计算结果表明熔石英的本征损伤阈值大约为 150 $J/cm^2 \cdot 3\omega$，远远大于激光驱动器对抗损伤阈值能量的需要[10]。这说明理想光滑无缺陷的熔石英材料完全满足强激光系统的要求。然而实测元件的激光诱导损伤阈值仅为本征损伤阈值的 1/50 左右，这主要是光学元件表面和亚表面加工损伤导致激光诱导损伤阈值降低。Bloembergen[11] 通过求解电磁场的方法对划痕、裂纹周围的光场增强规律进行了分析，结果表明，当表面划痕以及微裂纹尺寸远小于入射波长时，光强增强因子（light intensity enhancement factor，LIEF）分别能达到 4.7 和 1.9。Génin 等人[12] 在考虑划痕的几何形状时发现横向划痕和锥形划痕的最大 LIEF 分别为 10.7 和 102。激光诱导损伤会极大地降低光学元件的抗负载能力，已经成为限制强激光光学系统输出能量的主要瓶颈。因此实现光学脆性材料的零损伤超光滑表面

(a) EUVL物镜系统

(b) EUVL系统的加工精度

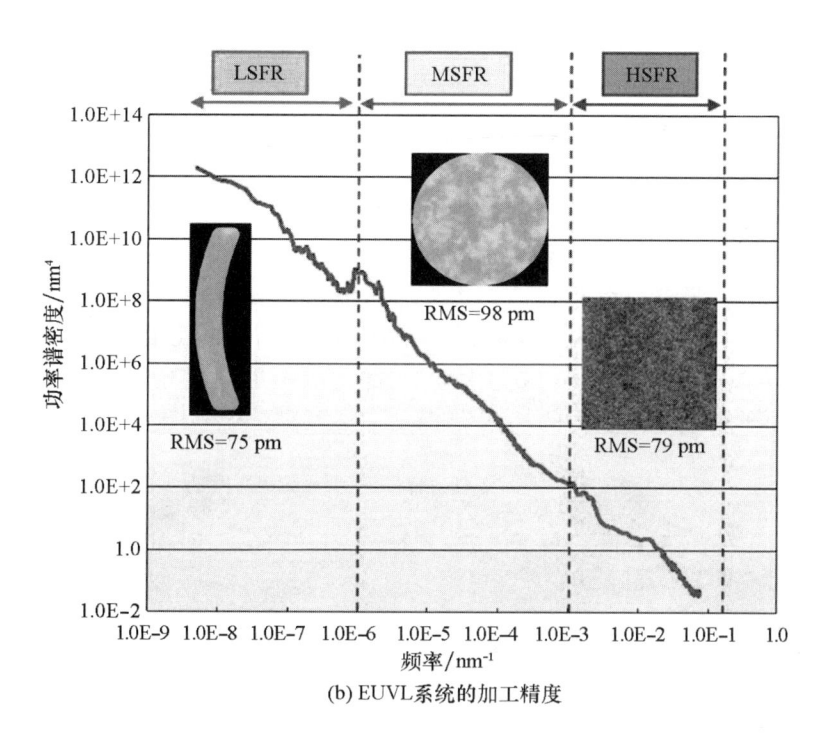

图 1.1　EUVL 物镜系统及其加工精度

面加工,是提升强激光光学系统性能的关键。

另外,高精度激光陀螺对提升飞机、导弹等的控制精度有着极其重要的作用,表面散射会导致激光陀螺性能降低,而表面粗糙度是造成散射损耗的主要原因,因此,如何实现原子级超光滑表面激光反射镜的加工也成为高精度激光陀螺制造的关键之一。高密度波分复用器可以将单一光纤的通信传输容量由 2.5 GB/s 提升至 20 GB/s。然而只有采用极高反射率的光学反射镜才能将不同特征信号从复合信号中分离出来,因此,制作超光滑表面的反射镜也成为高密度波分复用器发挥效用的关键。同时,在功能性光电器件中,基板表面的粗糙度、晶格完整性等将直接影响镀膜原子层的排列方式,因此,为了保证光电器件的优良性能,要求基板表面具有尽可能小的表面粗糙度以及尽可能完整的晶格结构。

从上述分析可知,现代光学和光电子学的发展对光学元件表面质量的要求越来越高。传统脆性光学材料主要由硅、氧两种元素组成,而硅硅化学键（Si—Si）和硅氧化学键（Si—O）的长度分别为 0.23 nm 和 0.16 nm[13-14],

这说明超光滑表面的微观起伏造成的 RMS 值为一个或几个原子的尺度，因此实现超光滑表面加工必须达到原子级尺度的材料去除。目前光学加工方式以脆性去除和塑性去除两种方式为主，如图 1.2 所示[15-19]。脆性去除是通过空隙、裂纹的形成、延展、剥落及碎裂等方式来实现的，在材料去除过程中很容易产生裂纹、脆性划痕等表面缺陷，严重影响加工表面质量；塑性去除则类似于金属切削，涉及滑擦、耕犁和切屑形成过程，材料是以剪切切屑形成方式被去除的。脆性材料的塑性加工方式虽然可以获得相对比较平滑的加工表面，但在材料去除过程中很容易产生塑性划痕、表面残余应力层等缺陷，影响表面质量。因此这两种材料去除方式都无法满足现代光学系统对表面完整结构及原子级超光滑表面的加工要求。

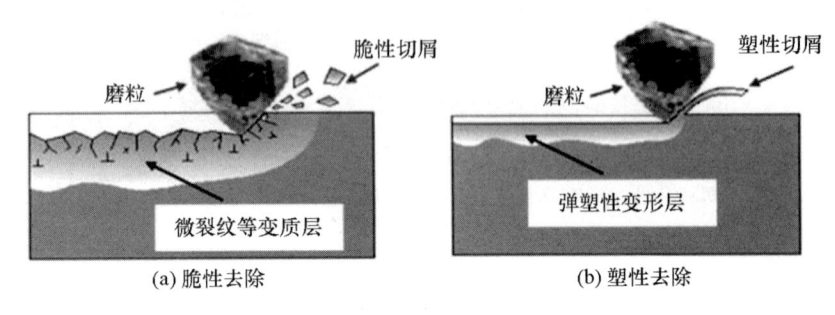

图 1.2 材料脆性和塑性去除机理示意图

传统抛光方法主要依靠施加在抛光盘上的正压力，通过抛光颗粒传递到光学元件表面，材料去除以机械作用为主。虽然可以通过工艺优化在一定程度上获得较低的表面粗糙度，但无法实现无损伤、原子级超光滑表面的加工，难以满足目前光刻物镜、强激光光学元件、激光陀螺反射镜等对表面和亚表面质量的要求，因此必须探寻新原理的加工工艺来实现高要求超光滑表面的加工，才能满足现代光学系统发展对高精度光学元件的需求。

1.1.2 弹性域加工方法的可行性

根据力学原理可知弹性变形是一种可恢复的过程。如果能够将材料去除作用力控制在弹性域变形范围内，加工完成后就可基本保证基体材料的原子排列不发生改变，从理论上说是不会对加工表面造成损伤破坏的。然而，弹性变形无法达到材料屈服强度，仅仅依靠机械刻划作用不可能实现材料的有效去除，因此可以引入有效的表面化学反应实现表面键能弱化，使用较小的

第 1 章 超光滑表面加工技术概述

机械力作用实现材料去除,同时保证对基体的扰动限制在弹性域扰动范围内。表面键能在化学反应中的变化可以分为以下三种类型:

(1) 光学元件表层原子直接与反应介质生成液体或气体。不需要任何外界机械作用就可以实现材料去除。如 HF 溶液对玻璃进行腐蚀:

$$4HF + SiO_2 \longrightarrow SiF_4 \uparrow + 2H_2O \tag{1.1}$$

(2) 键能增强反应。在加工表面形成一层化学性能更稳定的物质。如大气环境下加工 Al 的过程中,Al 表面被氧化:

$$4Al + 3O_2 \longrightarrow 2Al_2O_3 \tag{1.2}$$

(3) 键能弱化反应。当表面原子与反应介质反应时只会造成表面原子键能弱化不会直接导致材料去除,必须借助外界的机械作用才可以实现有效的材料去除,如化学机械抛光。

上述不同的表面化学反应类型中,反应(1)表面原子经过化学反应后直接被腐蚀掉,由于刻蚀的各向同性作用难以实现表面高低位置材料的选择性去除,虽然可以实现表面的无损加工但难以有效降低表面粗糙度,因此该类型的化学反应不适合超光滑表面的加工。反应(2)会将表面材料引入加工的不利方向,是加工过程中应主动避免的,因此不能将其用于超光滑表面加工。而反应(3),一方面会弱化表层原子与基体材料的结合作用,只有引入外界机械作用力才能实现材料的有效去除,因此只要控制表面不同位置的机械作用力就可以实现表面材料的选择性去除,从而获得粗糙度极低的加工表面;另一方面由于表面键能的弱化,只需要较低的能量就可以实现表层材料的去除,从而将机械作用力控制在基体材料的弹性域扰动范围内,保证在去除表层材料的同时不会对次表层原子排列造成破坏。

抛光过程中的抛光颗粒与光学元件表面的化学作用已经引起了不少学者的重视。1990 年,Cook[20] 对抛光过程中的化学作用进行了比较全面的总结,其认为玻璃表面通过水解作用与抛光液中的水发生化学作用生成一层很薄的硅酸凝胶(H_4SiO_4),硅酸凝胶的形成使玻璃表层呈现出物理软化的特性。氧化铈等抛光颗粒作为路易斯酸通过离解化学作用与玻璃表面的羟基(—OH)快速吸附形成 M—O—Si(M 代表抛光颗粒表面原子),羟基被视为强黏合剂将二者连接起来。Cook 认为只有当 M—O 的键能大于 O—Si 键能时才能实现有效的材料去除。硅酸的形成以及路易斯酸的分解都是抛光过程中化学作用的结果,而加工过程中硅氧键(Si—O—Si)被削弱才是材料去除的根本原因。2005 年,Campbell 等人[21] 在 *Science* 上发表文章解释了氧化铈抛光颗粒表面氧空位的形成机理，认为氧空位是造成氧化铈具有强烈表面反应活性的化学基础；自由基将电子交给氧化硅表面的氧原子，从而削弱了硅氧键的强度。

因此，将材料去除过程控制在基体材料的弹性域扰动范围内，那么加工过程将不会引入由机械去除作用产生的划痕和应力等缺陷组成的表面和亚表面损伤层，就可以实现零缺陷原子级超光滑表面的加工。光学材料弹性域的超光滑表面加工方法就是利用抛光颗粒与光学元件表面的界面化学吸附反应弱化光学元件表层原子的结合力，从而保证在加工过程中使用较小的机械作用力就能实现材料去除，并将对基体材料的扰动限制在光学元件的弹性范围内。这样就产生了材料脆性去除和塑性去除之外的第三种加工方法——弹性域去除加工方法。本书对光学材料弹性域去除机理进行了研究，基于上述去除机理提出了流体动压超光滑表面加工方法，围绕该方法对流体动压超光滑加工装置、材料去除模型、加工过程中表面形貌演变规律、加工后的表面质量评价、工艺参数优化以及表面质量提升能力进行了较为系统的研究。该研究将有助于推动超光滑表面加工技术的发展，提升我国的超精密加工技术水平，具有重要的理论指导和实践应用意义。

1.2　研究现状

本小节主要对传统和新型的超光滑表面加工方法进行介绍，分析其超光滑表面加工的特点，学习和借鉴其优点，以对后续研究提供指导。

1.2.1　传统方法

传统抛光主要采用沥青、聚氨酯等柔性材料作为抛光膜，抛光膜与光学元件之间的相对运动使得抛光颗粒对光学元件表面产生微细的切削作用，实现材料去除，从而获得相对较低的表面粗糙度。由于抛光颗粒与光学元件表面之间的作用力很小，对加工表面造成的损伤很少。传统的超光滑表面加工主要是在传统抛光方式的基础上对抛光膜材料、抛光粉以及抛光液的供给方式进行了改进：Leistner 等人[22]采用聚四氟乙烯（Teflon）取代传统的沥青抛光膜，利用 Teflon 抛光膜在不同光学材料上成功获得表面粗糙度的 RMS 值小于 0.4 nm 的超光滑表面；Namba 等人[23-24]提出了浮法抛光，其采用金属锡为抛光膜材料对直径为 180 mm 的平面光学元件进行抛光，获得了表面粗糙度的 RMS 值小于 0.2 nm 的超光滑表面；Chkhalov 等人[25]采用新型合成粒径为纳米级的超细金刚石抛光颗粒对 X 射线光学元件进行抛光，使表面粗糙度的 RMS 值由初始的 1 nm 降低至 0.2 nm；Dietz 等人[26]采用浴法抛光方式，将抛光膜和光学元件都浸没在抛光液中，在石英玻璃上获得了表面粗糙度的 RMS 值为 0.3 nm 的超光滑表面。

虽然依靠对传统抛光方法改进可以获得较低的表面粗糙度，但是抛光膜的面形精度会直接影响到加工表面的面形精度，同时，超光滑表面对抛光膜的光洁度也提出了很高的要求。聚四氟乙烯抛光、浮法抛光和浴法抛光主要适用于平面类型光学元件的加工。此外，抛光盘直接与光学元件表面直接接触，不同粒径抛光颗粒受力不均匀，很容易对光学元件表面和亚表面造成不同程度的缺陷损伤。另外，抛光过程中加工时间的不确定性对操作者的经验也提出了较高的要求。传统的超光滑表面加工方法中抛光工具容易磨损、加工效率低，难以实现表面的无损伤加工，同时，对曲面类型光学元件适应性不强，限制了其在超光滑表面加工中的推广应用。

1.2.2 新方法

为满足现代科技发展对光学元件表面质量提出的苛刻要求，不同国家的研究单位和学者都十分注重研究和开发新的适用于超光滑表面的加工方法。随着对亚纳米级超光滑表面形成机理的认识不断深入和超光滑表面检测水平的不断提高，在机械化学抛光、浮法抛光等传统加工方法基础上，出现了一系列以流体力学作用、物理碰撞和化学作用及化学机械作用为主的新型超光滑表面加工方法，主要有磁流变抛光、射流抛光、离子束抛光、等离子体化学气化抛光、弹性发射加工以及化学机械磨削加工等。不同类型的抛光技术均具有优缺点，具备不同的超光滑表面加工能力。下面对这些新型超光滑表面加工方法和原理予以介绍，总结分析其加工特点，借鉴其中先进加工方法的成功之处，以对后续课题的研究提供指导。

1. 磁流变抛光

磁流变抛光是最近发展起来的一种先进的超光滑表面加工方法。磁流变抛光是利用磁流变液在梯度磁场作用下形成的柔性抛光膜对光学元件表面进行加工的，其加工原理如图 1.3 所示。磁流变液在梯度磁场作用下形成具有一定形状的柔性抛光膜对光学元件表面材料进行塑性剪切去除[27-29]。通过控

脆性光学元件弹性域超光滑表面加工技术

制抛光膜的压入深度能够实现纳米量级的材料去除，从而获得较低的表面粗糙度。磁流变抛光具有对复杂几何光学元件的加工能力。

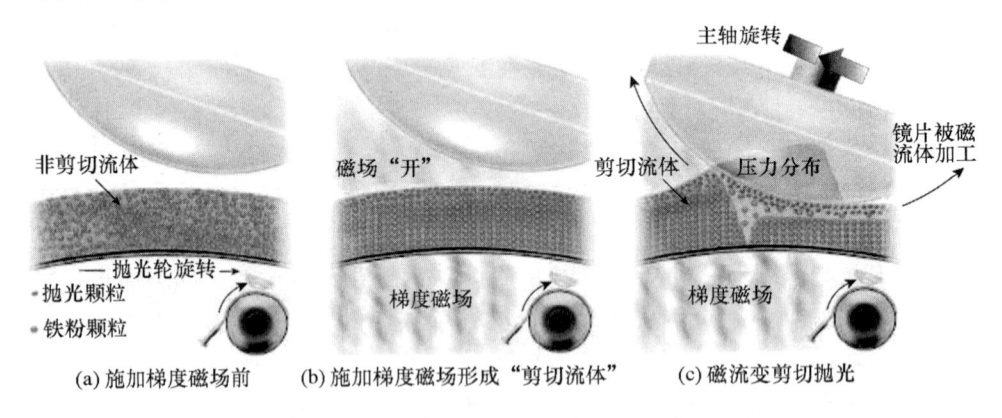

(a) 施加梯度磁场前　　(b) 施加梯度磁场形成"剪切流体"　　(c) 磁流变剪切抛光

图1.3　磁流变抛光原理示意图（见彩插）

材料去除主要是由流体剪切力引起的，不会造成亚表面损伤。美国劳伦斯利弗莫尔国家实验室在研究缺陷对激光诱导损伤阈值的影响过程中发现：引入磁流变加工工艺抑制传统抛光过程中亚表面的缺陷可以极大提升光学元件表面的抗损伤能力[30]。美国罗彻斯特大学光学制造中心和QED公司对磁流变抛光技术做了大量的研究工作[31-32]。1995年，罗彻斯特大学光学制造中心在对熔石英球面元件进行加工时，面形精度的峰谷（peak-to-valley，PV）值在提升至90 nm的同时，表面粗糙度的RMS值下降至0.8 nm。2007年，QED公司在非球面光学元件上进行加工时，面形精度的PV值达到$\lambda/20$（λ = 632.8 nm），表面粗糙度的RMS值达到0.5 nm。中国科学院长春光学精密机械与物理研究所、国防科技大学、清华大学等单位也针对磁流变加工展开了相关研究。虽然磁流变加工可以实现亚表面的无损加工，但是磁流变加工在光学元件表面留下的定向塑性抛光纹路会严重影响表面质量的进一步提升[33]。

2. 射流抛光

射流抛光是在喷射压力作用下将混有微细抛光颗粒的流体束对光学元件表面进行碰撞冲蚀作用来达到抛光的目的的一种超光滑表面加工方法。射流抛光能够实现对不同类型面形元件的加工，不会对光学元件造成亚表面损伤。射流抛光在降低表面粗糙度的同时，对光学元件表面初始面形也具有很强的保持能力[34]。在超光滑表面加工应用过程中，日本大阪大学Mori等人[35]采用狭缝喷嘴利用微细抛光颗粒配置的混合液对X射线光学元件表面进行加工，在去除深度为 8 nm 时表面粗糙度的 RMS 值由 0.18 nm 下降至 0.08 nm。2005年，大阪大学 Mimura 等人[36]采用狭缝喷嘴射流抛光将单晶 4H-SiC 的（001）晶向表面表面粗糙度的 RMS 值由 0.657 nm 下降至 0.323 nm，利用低能电子衍射仪（LEED）对加工前后表面损伤进行观测，测试结果发现加工后的表面晶体结构完整，加工后表面的晶格衍射斑清晰可见。哈尔滨工业大学的张飞虎等人[37]在大阪大学研究的基础上也开展了类似的研究，在 K9 玻璃进行射流加工时，表面粗糙度的 RMS 值由 4.169 nm 下降至 0.935 nm。中国科学院长春光学精密机械与物理研究所用微射流抛光盘取代传统的射流喷嘴，提出了微射流抛光技术[38-41]，如图 1.4 所示。在对石英玻璃进行加工时，中频表面粗糙度的 RMS 值由 1.018 nm 下降至 0.123 nm，高频表面粗糙度的 RMS 值由 0.635 nm 下降至 0.0586 nm。微射流虽然可以获得较好的超光滑表面效果，但是目前只能限于平面、球面元件的超光滑表面加工，而且在超光滑表面加工过程中会一定程度上破坏光学元件的面形精度。

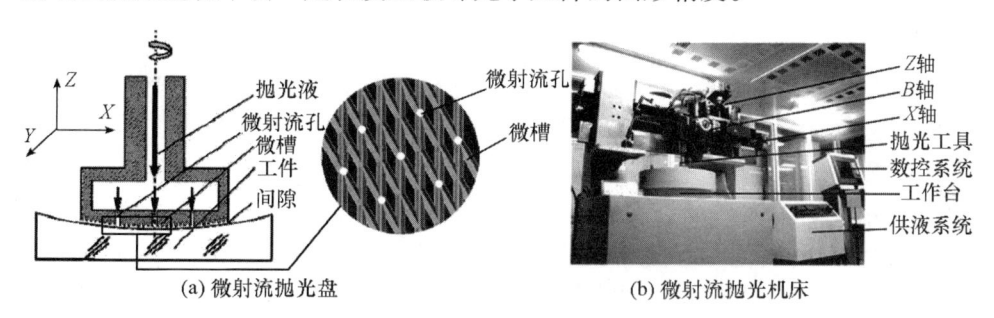

图 1.4　微射流抛光装置

射流流束的稳定性将直接影响抛光表面质量效果。为了获得优良的超光滑表面效果，射流抛光的压力系统需要提供连续稳定、极小脉冲波动的流体压力，同时还要避免循环系统对抛光液造成污染。这对循环控制系统提出了很高的要求，增加了系统装置的复杂程度和光学元件的加工成本。此外，作者在对射流抛光进行研究时发现，大粒径抛光颗粒或杂质会对光学元件表面造成严重的损伤[42]。这对加工环境和抛光液中抛光颗粒粒径的一致性也提出了很高的要求。

3. 离子束抛光

离子束抛光是在真空环境中使用离子源发射的离子束对光学元件表面轰击时产生的物理溅射效应去除表面材料的一种超光滑表面加工方法，其材料去除机理如图 1.5 所示[43-45]。由于加工过程中光学元件不承受正压力,离子束抛光可以有效地去除机械抛光的亚表面损伤层和加工变质层[46]。另外,离子束抛光的材料去除稳定性好,去除函数近似高斯分布,对光学元件表面面形具有很强的修正能力。

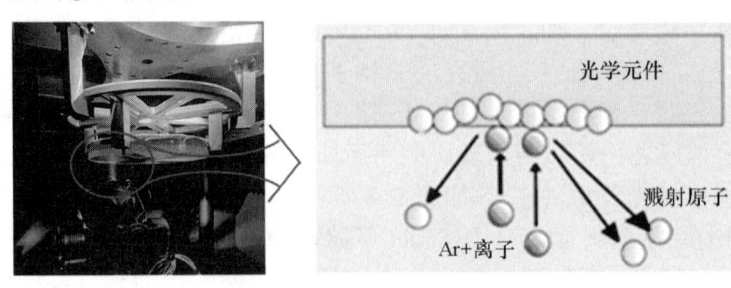

图 1.5 离子束抛光原理示意图

目前离子束抛光主要应用于高精度光学元件的低频面形修正,有关超光滑表面加工的报道还比较少。2010 年,德国的 Arnold 等人[47]对离子束抛光的超光滑表面能力进行分析,在不同溅射角度作用下对 SiC 表面进行了加工,表面粗糙度的 RMS 值由 2.15 nm 下降至 0.54 nm,对镀膜微晶玻璃进行加工,表面粗糙度的 RMS 值由 0.38 nm 下降至 0.21 nm。2012 年,国防科学技术大学的舒谊等人[48]实验研究了离子束倾斜入射对熔石英玻璃表面粗糙度的影响,发现在 45°倾斜入射时光学元件表面粗糙度的 RMS 值由 0.92 nm 下降至 0.48 nm。国防科学技术大学的廖文林等人[49-51]也对离子束抛光的超光滑表面形成机理展开了相关研究,在石英玻璃表面获得的表面粗糙度的最佳 RMS 值为 0.06 nm。作者所在实验室发现当利用离子束进行超光滑表面加工时,虽然可以有效去除传统抛光产生的亚表面损伤层,降低表面粗糙度,但对光学元件表面的划痕、裂纹等损伤难以实现有效去除。另外,离子束加工设备复杂、成本较高,也限制其在超光滑表面加工领域的应用。

4. 等离子体化学气化抛光

等离子体化学气化抛光是利用射频电源激励产生的具有很强化学活性的等离子体与光学元件表面原子发生化学反应形成挥发性物质来实现表面材料的原子级去除的一种超光滑表面加工方法。图 1.6 为其材料去除机理示意图。等离子体可以保证很高的化学反应速率,从而实现高效的材料去除。为避免传统抛光对光学元件表面及亚表面造成的损伤,日本大阪大学和美国劳伦斯利弗莫尔国家实验室都已经成功地将等离子体化学气化抛光应用于光学元件的加工[52-54]。哈尔滨工业大学也对等离子体化学气化抛光开展了相关的研究[55-56]。目前，等离子体化学气化抛光主要用于针对 SiC 等难加工光学材料的确定性修形抛光。由于化学刻蚀的各向同性作用，等离子体化学气化抛光虽然可以有效去除亚表面损伤层，但难以获得粗糙度极低的原子级光滑表面。另外，等离子体化学气化抛光也存在加工设备复杂、成本较高的问题。由于较高的材料去除效率，等离子体化学气化加工具有广泛的应用前景，但是其在超光滑表面的应用还需进一步的研究。

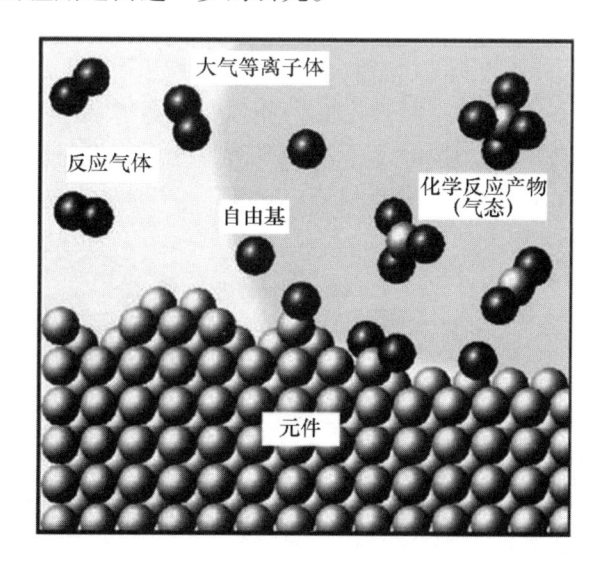

图1.6　等离子体化学气化抛光材料去除机理示意图

5. 弹性发射加工

弹性发射加工（elastic emission machining，EEM）是最早由大阪大学 Mori 等人[57-60]提出的一种原子级超光滑表面加工方法。其系统结构和材料去除过程如图1.7所示。抛光轮的高速旋转使其与光学元件表面之间形成以一层很薄的流体动压薄膜，从而平衡施加在抛光轮上的载荷。微细抛光颗粒在动压作用下与光学元件表面发生微弱弹性碰撞，依靠二者之间的界面化学反应实现材料的原子级去除。在一定转速抛光轮的作用下，载荷的大小决定了抛光间隙的大小。弹性发射抛光头通过十字弹簧片与数控工作台进行连接，十字弹簧片在竖直方向与抛光头的重心在同一直线，避免了抛光头重力对动压薄膜的影响。同时，十字弹簧片具有一定的柔性，能使抛光轮在恒定载荷作用下保持加工间隙稳定。Mori 等人[57]利用光致发光分光仪（photoluminescence spectrometer）对 EEM 表面进行观测，发现 EEM 表面具有与化学刻蚀表面相似的特性，即 EEM 不会对光学元件表层的物理和化学性质造成改变。大阪大学的 Kanaoka 等人[59]利用 EEM 对超低膨胀玻璃材料（ultra-low-expansion，ULE）等具有低热膨胀性系数的光学材料进行加工，最佳表面粗糙度的 RMS 值达到 0.085 nm。在日本，EEM 已经被应用于激光陀螺仪反射镜、X 射线光刻物镜以及同步加速器光学元件的超光滑表面加工。Nikon 公司与大阪大学合作共同开发了用于加工球面和非球面的新一代弹性发射加工装置[61-62]，利用该装置成功完成了对 EUVL 系统的非球面光刻物镜的超光滑表面加工，表面粗糙度的 RMS 值小于 0.1 nm。目前，EEM 已经被公认为世界上加工精度最高的加工方法，但该方法材料去除效率低，外界对其关键加工技术还不甚了解，导致其加工结果难以复现。国内的曹志强等人[63]基于弹性发射加工原理提出了液流悬浮超光滑加工，虽然表面质量获得了一定提升，但是加工效果不是很理想。

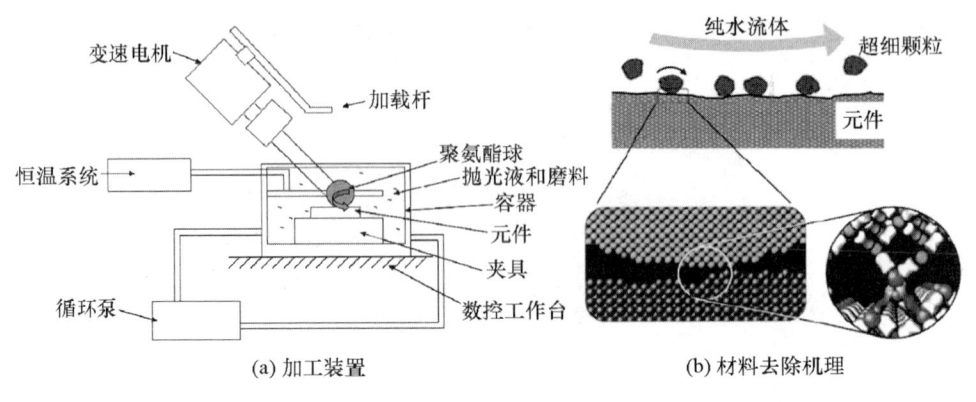

(a) 加工装置　　　　　(b) 材料去除机理

图 1.7　弹性发射加工装置及材料去除机理示意图（见彩插）

6. 化学机械磨削加工

相对于传统机械磨削加工，化学机械磨削（chemical mechanical grinding，CMG）加工采用砂轮等固着磨粒，利用磨削过程中主动增强化学反应消除因脆性去除、塑性去除而造成的表面损伤等[64-65]。CMG 加工中，砂轮磨粒材料采用的是粒径为 2~3 μm 的氧化铈。尺寸在该范围内的磨粒在高温作用下不仅能够和玻璃发生适当的化学反应，还对 Si—O 键具有很好的切断作用，并且易于从加工表面脱离，不会对光学元件表面造成损伤和污染。CMG 目前主要用于对光掩膜石英玻璃片、硅基片等的加工，氧化铈砂轮在加工石英玻璃、硅片过程中主要发生下述化学反应[66]：

第1章 超光滑表面加工技术概述

$$2(CeO_2) + 2e^- \rightleftharpoons 2(CeO_2)^- \rightleftharpoons Ce_2O_3 + \frac{1}{2}O_2^- + \frac{3}{2}e^- \quad (1.3)$$

一般来说，在自然条件下 CeO_2 比 Ce_2O_3 更稳定，但加工过程中接触界面产生的局部高温高压会促使热化学反应往左边进行。在加工过程中，硅片会首先发生下述氧化反应：

$$Si + O_2 \longrightarrow (SiO)^{2+} + 2e^- \longrightarrow SiO_2 \quad (1.4)$$

在接触界面产生的 $(CeO_2)^-$ 和 $(SiO)^{2+}$ 会进一步发生反应，生成复杂的 Ce—O—Si 复合结构。伴随砂轮的旋转磨削，实现光学元件表面材料的原子级去除：

$$(SiO)^{2+} + 2(CeO_2)^- \longrightarrow Ce_2O_3 \cdot SiO_2 \quad (1.5)$$

日本茨城大学的周立波等人[67]利用自主研制的 CMG 装置（如图1.8所示）采用氧化铈抛光盘对 Si 基片（100）晶面进行化学机械磨削加工，获得了晶格完整的 Si 表面。高分辨率3维原子力探针测试仪（MFP－3D）测量结果显示 Si 表面原子结构排列整齐，表面平整，表面粗糙度的 RMS 值达到 0.18 nm，获得比化学机械抛光（chemical mechanical polishing，CMP）更光滑的表面。该法对机床主轴的旋转精度和运动精度都提出了很高的要求，目前只适用于对平坦表面的加工，对于曲面加工还未开展相关理论研究。

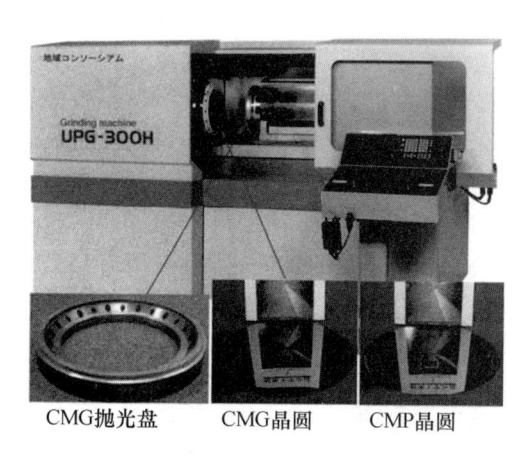

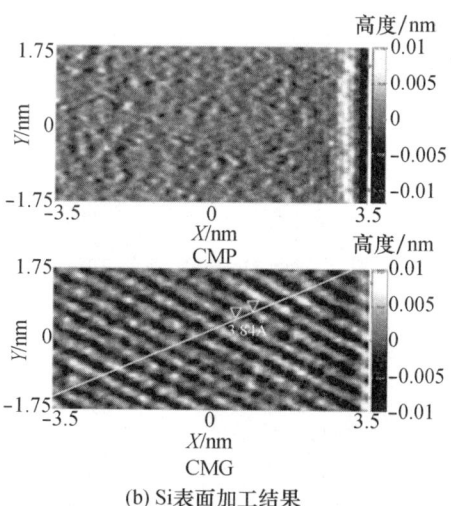

(a) CMG加工系统

(b) Si表面加工结果

图1.8 化学机械磨削加工系统及典型加工结果（见彩插）

总体来说，相对于发达国家，我国对新型超光滑表面加工的研究还处于起步阶段。虽然取得了一定的成绩，但目前仍处于实验探索研究阶段。

1.2.3 弹性域去除机理研究现状

光学材料弹性域去除主要通过抛光颗粒与光学元件表面之间的界面化学吸附反应实现，目前有关材料弹性域去除的相关报道还比较少。大阪大学的 Yamauchi 等人[68]基于第一性原理，利用分子动力学对 EEM 中的微细抛光颗粒与光学元件表面原子间的化学作用进行了仿真分析，分析结果揭示了表层原子与次表层原子结合键能弱化的过程，证实了通过微细抛光颗粒与光学元件表面原子的界面化学反应，可以实现材料去除。茨城大学的 Shimizu 等人[65]通过分子动力学仿真分析了 CMG 加工中氧化铈磨盘与硅基体表面的化学反应过程，仿真结果表明，磨盘中氧化铈颗粒与光学元件表面的化学主动增强作用，可以明显降低加工表面畸变原子的个数以及表面残余应力。国内的宋孝宗等人[69]对纳米胶体射流抛光中纳米抛光颗粒与光学元件表面碰撞过程进行了分析，认为纳米抛光颗粒只有具有足够高的入射动能时才能克服阻碍势垒，与光学元件表面原子发生界面化学反应。同时，宋孝宗[14]还利用分子动力学仿真分析了光学元件表面不同位置原子与纳米颗粒吸附的容易程度，分析发现光学元件表面"峰"原子最容易与纳米抛光颗粒发生化学吸附作用，其次为"面"原子，最后为"谷"原子，分析结果表明界面化学吸附易于实现原子级超光滑表面加工。国防科技大学的石峰等人[70]基于抛光颗粒的双刃圆模型提出了磁流变弹性域抛光的控制条件，通过采用改进型磁流变抛光液以及控制磁流变缎带的压入深度实现了抛光颗粒与光学元件表面的弹性接触，光学元件表面粗糙度的 RMS 值由传统的塑性加工的 0.759 nm 下降至 0.269 nm。然而，目前关于材料弹性域去除机理的认识还比较模糊，对于其内在的化学反应动力研究还不够深入，弹性域边界条件的控制还不够精确。

弹性域超光滑表面加工方法相对于其他超光滑抛光技术在材料去除原理上具有独特的优势。原子层面上的材料去除使得其原理溯源最终会归结为分子动力学、量子力学等多种前沿研究方向的交叉融合。其自 20 世纪提出以来，历经了 30 多年的发展，但是还未像磁流变抛光、气囊抛光等超光滑加工技术那样形成完整的工艺流程与装备。这与其难以阐明的材料去除机理有很大关系。我国弹性域超光滑加工技术相关研究起步较晚，目前主要集中在机理研究、实验验证和基础装置搭建初期阶段，在装备与应用方面相对国外还存在一定差距。基于弹性域超光滑加工技术原理的先进性，深入开展其相关研究可以为先进光源、极紫外光刻、激光陀螺等超精密光学提供一种有效的技术手段。

第 2 章
光学材料弹性域去除机理研究

　　实现基于弹性域去除的超光滑表面加工，必须从理论与实验两个方面探讨光学材料弹性域去除的可行性。根据设想，弹性域去除的两个基本过程是：材料表层原子键能弱化；精确控制在基体材料弹性域范围内的机械力实现表层材料去除。实际加工中，纳米抛光颗粒和光学元件材料是互相作用的两个基本物质。本章将从两个基本过程入手进行理论层面的探讨，从两种基本物质角度开展实验研究。

　　首先，对表层原子键能弱化规律进行探索：以硅酸盐类玻璃为对象，研究其表面羟基化过程，获得其表面原子结构特征和原子级结合能特性；以纳米抛光液为对象，分析纳米抛光颗粒和抛光液的物理化学特性；从界面化学反应的角度出发，建立纳米抛光颗粒与光学元件表面的化学吸附模型，获得键能弱化的基本规律。

　　其次，确立光学脆性材料弹性接触临界条件：基于纳米压痕实验对抛光颗粒与光学表面的弹性接触过程进行分析，依据 Hertz 接触理论确定纳米抛光颗粒与光学元件表面的弹性接触应满足的条件。

　　再次，开展可加工性实验验证：以纳米颗粒射流抛光为基本实验手段，通过分析颗粒运动轨迹以及颗粒与光学元件表面的碰撞形式，将基本实验参数约束在弹性域去除范围；利用光谱分析手段，观察加工前后纳米颗粒的组成成分变化规律，从而验证化学吸附过程、键能变化以及材料去除过程的实现。

　　最后，基于光学材料弹性域去除的稳定性，进行最佳纳米抛光颗粒的优选。

2.1 表层原子键能的弱化机制

当两种不同结构的固体表面发生接触时,会在其接触表面发生不同程度的界面化学吸附反应。当二者分离时,其中一方的表面原子会不可避免地吸附在另一方的固体表面。本节以硅酸盐类玻璃表面的羟基化过程为出发点,对其表面原子结构特性和原子级结合能进行了分析。同时,对纳米抛光颗粒和抛光液的物理、化学特性进行了研究,并建立了纳米抛光颗粒与光学元件表面的化学吸附模型。通过分析表面原子键能的弱化过程,得出了实现单个原子去除所需的最小机械能应满足的条件。

2.1.1 光学元件表面的羟基化过程

构成固体的原子将在其周围产生一定力场。内部原子受力是对称的,即内部原子的力场是饱和的。固体材料表面原子排列不同于内部,表面的原子由于受力不均衡而处于较高的能阶,从而使物体表面呈现一系列特殊的性质且具有较高的反应活性。图 2.1 是利用分子动力学对石英玻璃体结构和表面结构带隙仿真分析的结果。从图中可以看出,表面结构带隙明显小于体结构带隙。带隙是原子实现价带和导带转换所需要的最小能量。带隙越小,原子中的外层电子更容易发生跃迁。由于表层原子处于较高的能阶和相对较小的

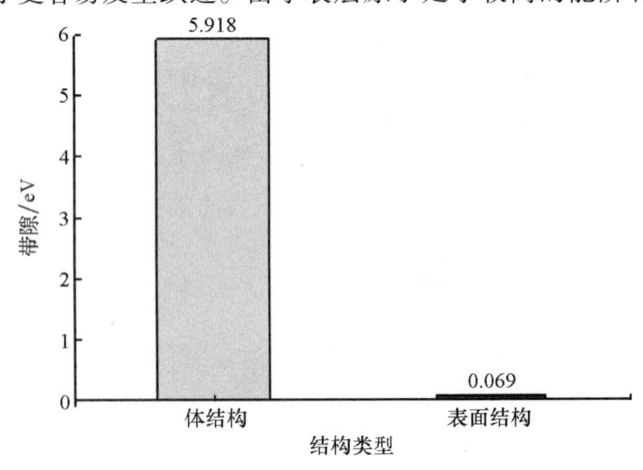

图 2.1 石英玻璃体结构与表面结构的带隙

第 2 章 光学材料弹性域去除机理研究

带隙，因此表层原子相对于内部基体更容易与外界原子发生化学作用。光学元件表层原子因其化学结合状态明显不同于内部基体原子，周边原子对其化学键的作用能不对称，且原子外层存在多个未成键电子，使得表层原子的物理性能和化学活性不同于内部基体原子。

表面微观凹凸不平表现出来的波纹度，从原子尺度上主要以晶格缺陷、空位和位错等形式展现。由于这些不同表面缺陷区域中原子结构形式不一样，相应的表面原子化学状态也不一样。以 [SiO_4] 为基本单元的硅酸盐玻璃表面主要存在非成键氧、环状硅以及三键硅等不饱和结构，如图 2.2 所示。

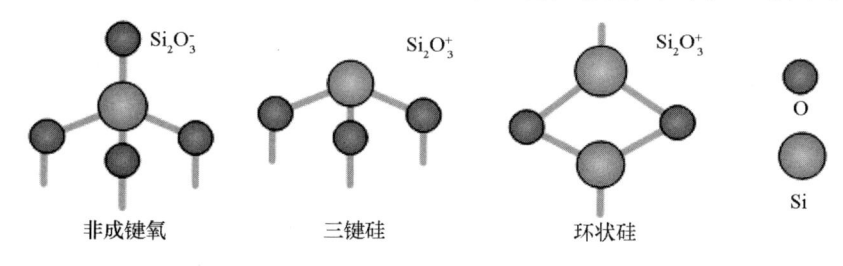

图 2.2 石英玻璃表面不饱和结构示意图（见彩插）

玻璃表面存在许多这样的不饱和结构。由于这些结构成键不饱和、电子云密度较高，在其周围产生了比较高的静电场，对极性分子具有很强的吸附能力[71]。Cook 论述[20]中，Cornish 等人通过实验发现氧化铈抛光粉在水及一系列有机醇类基载液中时，材料去除效率随基载液中所含羟基的化学活性的增强而逐渐提高，以水作为基载液时材料去除效率最高。Charlaix 等人[72]研究了水润湿膜对固体表面之间黏附力的影响。黏附力的大小取决于润湿层的相互作用，由于水的化学作用改变了固体表面原子的化学势，因此当固体表面足够接近时，在水分子作用下就会形成有效的键合，同时黏附力强弱还与表面的微观形态有关。上述研究结果都表明：水在玻璃材料抛光过程中起到了非常重要的化学作用。Michalske 等人[73]在研究水和非水环境下石英玻璃的机械性能时发现：断裂的 Si—O—Si 键或者未断裂的 Si—O—Si 键都可以和水分子发生亲电或亲核反应，削弱 Si—O 结合强度，使玻璃结构不断被破坏，形成以—OH 基团为主要成分的表面吸附层。水对 SiO_2 介质表面的软化起到了极其重要的作用。室温下，水分子在静水压力的作用下能渗透到 SiO_2 分子内部，打破 Si—O 键，使其转变为键能较低的 Si—OH 键[74]。从化学机械抛光角度分析，水分子的扩散使 SiO_2 介质表面分子羟基化，从而形成 Si(OH)$_4$ 软质层，作用过程可以用下述化学反应式表示[75-76]：

· 17 ·

$$(SiO_2)_x + 2H_2O \rightleftharpoons (SiO_2)_{x-1} + Si(OH)_4 \qquad (2.1)$$

Cook[20]认为，硅酸盐玻璃中硅氧烷（Si—O—Si）与水发生化学作用生成羟基化的硅氧醇表面层主要由加工后表面的化学特性决定。表面的结构特点决定了其化学作用的特点。当将硅酸盐玻璃表面浸泡在水中时，极性水分子很容易被其吸附并使其表面羟基化，在石英表面形成一层 $Si(OH)_n$ 结构，从而使石英玻璃表面 Si 原子形成相对稳定的结构。水溶液中同时存在 H^+ 和 OH^- 两种离子，可分别与表面不同类型的不饱和结构发生化学作用。Leed 等人[77]发现，表面羟基化过程主要是水溶液中 H^+ 与图2.2 中的非成键氧发生反应，而 OH^- 与不饱和硅反应生成羟基（—OH），其作用过程由如下化学反应式表示：

$$Si_2O_5^- + H^+ \rightleftharpoons HO\text{—}Si_2O_4 \qquad (2.2)$$

$$Si_2O_3^+ + OH^- \rightleftharpoons Si_2O_3\text{—}OH \qquad (2.3)$$

以石英玻璃为例，其表面羟基化的过程如图2.3 所示。不同的不饱和结构产生静电场的大小不一样，导致其对极性水分子的吸附能力也存在差异。成键越不饱和结构对水分子的吸附能力越强，其表面羟基化的能力越强，表面形成的羟基数量也越多。由于受 Si 原子成键能力的限制，羟基化后单个 Si 原子表面的羟基数量不超过 3 个。

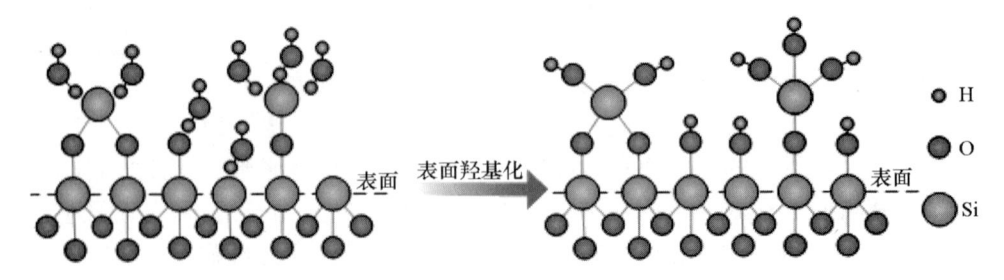

图2.3 石英玻璃表面羟基化过程

Bassett 等人[78]发现传统抛光石英玻璃表面经过纯水清洗后，表面被羟基所覆盖，表面羟基的平均面密度为 4~6 个/nm^2。表面羟基化是一个可逆过程，Iler[76]发现石英玻璃表面完全羟基化后处于动态平衡的表面羟基密度为 4.6 个/nm^2。由不同原子组成的各种基团都有自己特定的红外光谱，谱图中的吸收峰与基团的振动形式相对应，特征吸收峰表征基团频率能说明该基团的存在。硅酸盐玻璃中的羟基在 3 660 cm^{-1} 附近处有特征吸收峰[14,37,79-81]。

随着羟基含量的增加，此处吸收峰的强度越大。因此可以通过红外光谱测量仪对表面羟基化过程进行监测。实验选用 Bruker 公司的 Senterr & Vertex70 型傅里叶-共焦显微-拉曼光谱仪，首先测定一块新鲜抛光的石英玻璃的羟基含量，然后将石英玻璃样件浸泡在纯水溶液中 10 min 后取出，经过高压氮气风干后立即对其进行红外光谱测量，光谱测量装置及结果如图 2.4 所示。浸泡前后均在波数 3 660 cm^{-1} 处出现了强烈的吸收峰，但是经水浸泡后该处吸收峰的强度明显增强了。浸泡前在波数 3 660 cm^{-1} 处出现羟基的特征吸收峰，主要是因为抛光过程中和加工环境中都有水的存在，新鲜表面一旦露出，很容易与周围的水分子发生表面羟基化作用，在其表面覆盖一层羟基。只是由于与水分子接触时间和数量有限，表面羟基化不够彻底。当将其完全浸泡在水中时，石英玻璃表面的不饱和结构完全与水发生反应，导致表面羟基的含量进一步增加。这就是浸泡前后在羟基的特征波数处都有较强的吸收峰，经水浸泡后羟基含量进一步增加的原因，同时也说明在水环境中很容易发生表面羟基化作用。

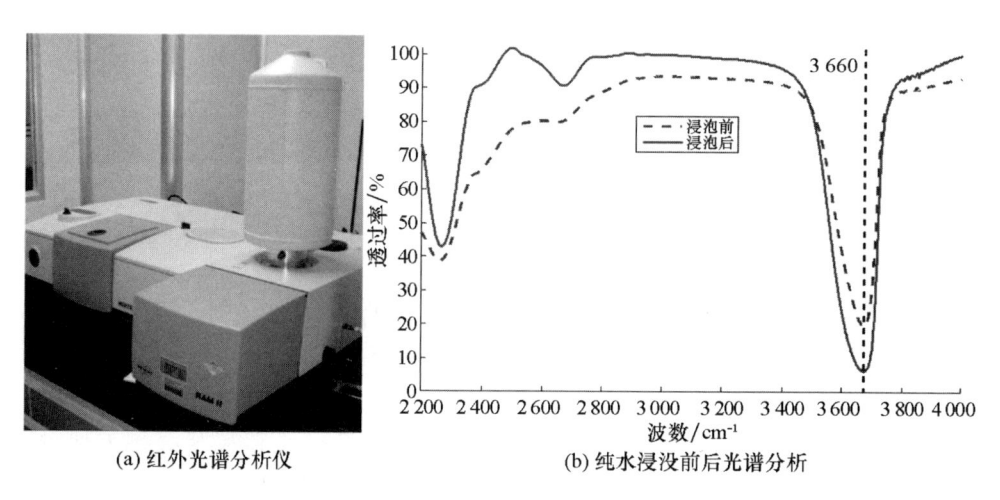

(a) 红外光谱分析仪　　　　　　(b) 纯水浸没前后光谱分析

图 2.4　红外光谱分析仪实物图及对石英玻璃的光谱分析结果

羟基与基体组成原子化学性能的差异导致表面原子与次表面原子之间的电子云密度发生变化。当表面发生羟基化后，由于羟基基团的引入，石英玻璃表层原子与次表层原子的结合力会被相对削弱。表面完全羟基化后表层原子的结合能可以表示为[69]：

$$E_{as} = E_{bs} - \frac{1}{2} k_B T n_{OH} \tag{2.4}$$

式中，E_{as} 为表面羟基化发生后表层原子的结合能，E_{bs} 为表面羟基化前表层原子的结合能，n_{OH} 为表层单个 Si 原子产生羟基数量（$n_{OH}=1,2,3$），k_B 为玻尔兹曼常数，T 为环境温度。由式（2.4）可以看出：表面羟基化过程中，吸附的羟基数量越多，表层原子结合能弱化程度越厉害。结合能的弱化导致表层原子在较小的作用力下就能实现去除，这也是冰盘无磨粒抛光能获得超光滑表面的内在动力[82-83]。

2.1.2 纳米抛光液的物理化学特性

纳米抛光颗粒在三个维度上均具有纳米尺度，因此其具有小尺寸效应、表面效应以及宏观量子隧道效应等多种特殊效应，呈现出独特的化学和物理性能[84-85]。纳米抛光颗粒尺寸很小，表面能非常高，位于表面的原子占相当大的比例。纳米抛光颗粒粒径的减小导致表面原子数迅速增加，从而使其比表面积急剧增大。一方面，大的比表面积导致纳米抛光颗粒具有很强的吸附特性，很容易对其附近的物质产生吸附作用；另一方面，表面原子的成键不饱和，使得它们具有相对较高的化学活性，而在纳米抛光颗粒中，表面原子数相对于总原子数占据了很高的比例，致使纳米抛光颗粒展现出很强的化学作用[86]。纳米抛光颗粒由于形状较规则、没有尖锐的棱角，对加工表面造成的机械损伤小，依靠其较强的化学作用能对光学元件表面实现原子级水平材料去除，从而获得低损伤甚至晶格完整的超光滑表面。张朝辉等人[87]通过数值分析发现，化学机械抛光中纳米抛光颗粒具有很强的微极性效应。微极性可以提高抛光液的等效黏度，能在一定程度上提高其承载能力，提升材料去除速率。其应用纳米氧化硅抛光颗粒对硬盘盘片进行超光滑表面抛光，获得了亚埃米级粗糙度表面。

本小节主要采用纳米氧化铈和纳米氧化硅两种抛光颗粒开展相关研究，纳米氧化铈粒径在 100 nm 左右，纳米氧化硅粒径在 20 nm 左右。利用扫描电子显微镜对上述两种纳米颗粒微观形貌进行观测，结果如图 2.5 所示。

从图中可以观察到，纳米氧化铈呈现出近似球形的形貌，而纳米氧化硅则表现为较为规则的球形颗粒。这符合颗粒粒径越小，越接近球形的规律[88]。由于纳米抛光颗粒表面原子配位严重不足，一旦纳米抛光颗粒接触到空气或水，表面原子就会和水分子发生反应，以满足其配位要求，形成相对较稳定的结构。纳米抛光颗粒的表面原子与水发生化学吸附，导致表面覆盖了一层羟基。Zhang 等人[89]通过对粒径为 40~80 nm 的氧化铈抛光颗粒进行

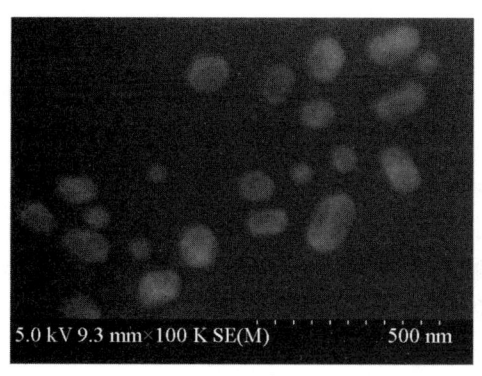

第 2 章
光学材料弹性域去除机理研究

(a) 纳米氧化铈　　　　　　　　　(b) 纳米氧化硅

图 2.5　纳米抛光颗粒扫描电子显微镜观测结果

X 射线光电子能谱分析,发现了羟基的存在。红外光谱分析也表明在纳米氧化硅抛光颗粒表面存在不同类型的羟基[14]。

由于纳米颗粒的比表面积很大、表面能高,它们易于团聚形成若干个尺寸较大的团聚体。纳米抛光颗粒一旦形成团聚体,将很难再被分开,这会影响纳米抛光液的稳定性和物理特性,进而对其抛光性能造成严重影响。使纳米抛光颗粒均匀、稳定地分散在水溶液中,形成分散性好、稳定性高的抛光液是将其应用于超光滑表面加工的前提。纳米抛光颗粒粒径很小,受到的无规则作用力、静电力等可以与其重力相当,因此,一旦均匀分散到水溶液中,它们可以稳定存在而不会沉淀。

根据纳米抛光颗粒的性质和带电类型,通过选择合适的表面活性剂作为分散剂,可以使纳米抛光颗粒表面吸引异性离子形成双电子层。这种双电子层之间的库仑排斥作用,显著降低了微粒间发生团聚的引力[90]。此外,超声振荡产生的空化作用可以破坏团聚体中纳米颗粒间的吸引力,达到分散的目的。本书采用添加分散剂与物理超声振荡的组合方法配置了稳定的纳米抛光液。为检验组合分散方法的可行性以及纳米抛光液的稳定性,采用组合分散方法分别配置了粒径为 100 nm 和 3 μm 的氧化铈抛光液,同时利用机械搅拌方法配置了粒径为 100 nm 的氧化铈抛光液。由于氧化铈抛光颗粒在 480 nm 的光波段具有强烈的吸收峰[91],因此氧化铈抛光液的悬浮稳定性可通过测定溶液在该波段吸光度随时间的变化来评价。实验采用 U-2810 型的紫外-可见分光光度计每隔 10 min 测量不同类型的抛光液在 480 nm 处的吸光度。定义抛光液随时间 t 的相对稳定性参数 S_t 为:

$$S_t = \frac{A_t}{A_0} \tag{2.5}$$

式中，A_0 为测试刚开始（$t=0$）时抛光液的吸光度值，A_t 为测试过程中 t 时刻的吸光度值。由定义可知，S_t 越大说明抛光液分散稳定性越好。当 $S_t = 1$ 时，说明抛光液已完全分散，不存在抛光颗粒的沉积现象。图 2.6 是上述三种不同抛光液在不同时刻的相对稳定性。当采用组合分散法配置的纳米抛光液相对稳定性参数 $S_t \approx 1$ 时，说明纳米抛光颗粒已经完全分散，非常稳定。采用组合分散的微米级抛光液，虽然未出现抛光颗粒团聚现象，但抛光颗粒粒径较大，在重力作用下很容易克服布朗运动等作用力逐渐沉淀，导致抛光液浓度降低。采用常规机械搅拌方法配置纳米抛光液，由于纳米颗粒未被充分分散而形成较大团聚体，随着放置时间增加而迅速沉积，在 30 min 时已基本完全形成沉淀。

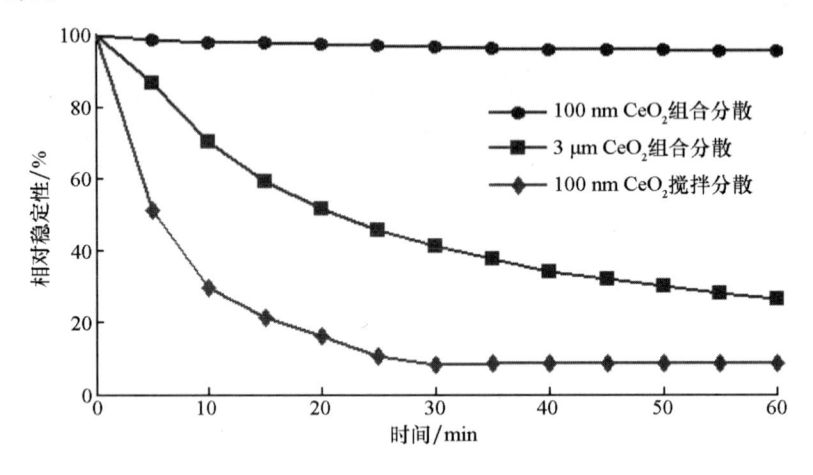

图 2.6 不同类型抛光液的相对稳定性

2.1.3 光学元件表层原子的键能弱化反应

羟基中 O 的电负性很强，共用电子对强烈偏向 O 一边，而 H 只有一个电子，其电子云向 O 偏移使 H 几乎呈现出质子状态。当向附近另一个羟基中含有负电子对并带有负电荷的 O 靠近时，很容易与其 H 产生静电吸附形成氢键。纳米抛光颗粒与光学元件表面的化学吸附过程如图 2.7 所示。当纳米抛光颗粒随流体定向运动靠近光学元件表面时，纳米抛光颗粒表面的羟基与光学元件表面的羟基很容易形成氢键，将两个不同的表面连接在一起。氢键的产生确保了纳米抛光颗粒与光学元件表面最初的键合。由于氢键产生的只是一个物理吸附过程，氢键键能非常小，当抛光颗粒随流体脱离光学元件表面时，不足以将表层原子拽离。为了实现光学元件表层原子的去除，纳米抛光颗粒与光学元件表面的结合能必须大于光学元件表层原子与次表层原子的键能。纳米颗粒与表面必须在一定活化能作用下克服势垒作用，进一步靠近形成键能较强的化学键。形成稳定的化学吸附后，纳米抛光颗粒表面与光学元件表面通过化学键连接起来，化学键能足以克服光学元件表层原子与次表层原子间的结合力，将表层原子拽离光学元件表面。因此，实际加工过程中，只有在外界活化能作用下克服一定的势能形成化学吸附后，才具有实际的应用价值。当纳米抛光颗粒表面与光学元件表面的距离大于图 2.7 中的 c 位能点时，由于二者之间的相互作用已经非常弱，基本上可以忽略[92]。因此，一旦光学元件表面原子被纳米颗粒拽离光学元件表面后，很容易实现材料去除。

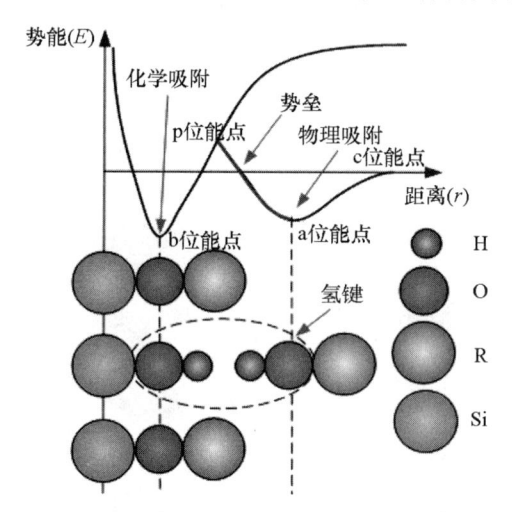

图 2.7 纳米抛光颗粒与光学元件表面的化学吸附过程示意图（见彩插）

发生界面化学反应时，光学元件表面会发生结构重组，并且在界面形成时电荷密度会重新分布，致使光学元件表层原子与次表层原子的结合键能进一步被弱化。抛光过程中，光学元件表面材料去除主要依靠纳米抛光颗粒的机械活化能克服表面势垒形成化学吸附。抛光过程的材料去除原理示意图如图 2.8 所示，纳米抛光颗粒与光学元件表面的化学键合作用主要为共价键键合。纳米抛光颗粒与光学元件表面碰撞的过程中，仅与光学元件表面的部分

脆性光学元件弹性域超光滑表面加工技术

原子发生化学键合,并将抛光颗粒与光学元件表面连接起来。此时没有两固体之间带隙的电子转移,因此不会改变基体材料和抛光颗粒的化学、物理性质。弱化光学元件表面原子的结合键能和提升局部化学键合密度成为提升抛光效率的关键。界面化学反应将光学元件表面原子与基体材料的结合键能弱化,使用相对较低的活化机械能就能破坏弱化后的结合键能。表面化学键的强度主要依赖于表面的结构,同时在一定程度上与两固体的电子性质也存在一定关系,因此,实际加工过程中对纳米颗粒的类型也提出了一定的要求。实际加工过程中,只有选择合适的纳米抛光颗粒,将其与光学元件表面的碰撞控制在基体材料弹性域扰动范围内,同时保证提供的机械能能破坏弱化的结合键能,才能实现材料的原子级去除,获得无损伤加工表面。综上所述,硅酸盐玻璃材料与纳米抛光颗粒通过界面化学反应实现材料去除可以用下述化学反应表示:

$$[SiO_4]_n Si(OH)_m + m(OH)R \longrightarrow [SiO_4]_n + Si(OR)_m + mH_2O \quad 1 \leqslant m \leqslant 3 \quad (2.6)$$

式中,R 表示抛光颗粒表面原子。

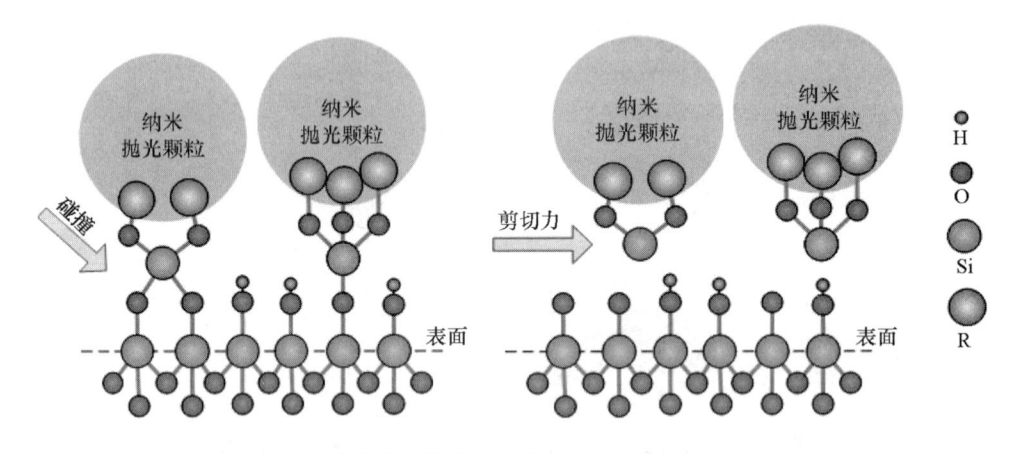

图 2.8 基于化学吸附的表面材料去除过程示意图(见彩插)

粗糙光学元件的表面在微观尺度上是凹凸不平的,存在着无数台阶、裂缝和凹凸不平的峰和谷。几何状态的不同必然会对表面的物理和化学性质产生影响。化学吸附力产生于静电相互作用力,断键多,作用力强[93]。表面粗糙度将使表面力场变得不均匀,其活性及其他表面性质也将发生相应的变化。图 2.9 为光学元件表面粗糙结构的示意图。从原子尺度上看,不同缺陷位置处原子的化学行为、催化活性以及表面能级分布都是不均匀的。

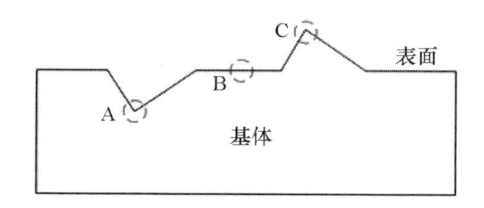

图2.9 光学元件表面粗糙结构的示意图

表面位置的活泼程度及其他许多特性与它们的晶格构造的缺陷程度有着密切的关系。图2.9中光学元件表面中不同位置处原子的化学活性关系表现为[93]：

$$A < B < C \tag{2.7}$$

因此，实际加工过程中，表面凸点位置处的原子更容易与纳米抛光颗粒发生化学吸附。表面能级在能量上可以集中为一个或几个能量值，也可以形成一个连续的分布。对于粗糙不平的表面，表面起伏度越大，其缺陷越明显；表层原子所处的状态差别很大，致使表面不同区域能级不一样；能级分布比较宽，导致表面高低部分化学活性不一样和吸附能力的差异；一般是表面凸点部分的能级比较高，化学吸附能力强，导致凸点位置原子去除速率高。随着加工的不断进行，表面粗糙度降低，加工表面将不断变得平滑，加工表面高低部分的差异明显减少，加工后各表面能级将彼此接近，最终导致表面高低点原子化学吸附活性一致。对于最终达到理想的超光滑表面，表面原子状态处于相同地位，其表面能级也一致，表面各点材料去除速率趋于一致。实际在加工过程中，加工初期由于表面原子能级差异明显，表面粗糙度收敛速率明显，随着表面光滑程度的不断提高，表面原子能级差异变小，表面粗糙度收敛速率降低。随着加工过程的不断进行，最终将获得近似理想无缺陷的超光滑表面。此外，凸点位置处的原子与基体的结合程度相对较弱，在剪切作用力下更容易被去除。因此，在实际加工过程中，表面凸点位置处的材料去除速率高于凹点位置处的材料去除速率，加工后的表面将变得非常平滑。

材料去除过程中，并不是所有发生界面化学键合反应的表面原子在流体剪切力作用下都可以实现结构性能差异的有效去除。定义在一次加工过程中单个纳米抛光颗粒对发生表面化学键合反应原子的平均去除概率为α，假设平均单个反应原子受到抛光颗粒施加的剪切作用能为E_s，表面原子的平均结合键能为E_b，根据Zhao等人[94]的研究，上述三者之间的关系可以表示为：

$$\alpha = f\left(\frac{E_s}{E_b}\right) \qquad (2.8)$$

如果抛光表面为理想表面，即每个原子状态一致，则当 $E_s/E_b > 1.0$ 时，$\alpha = 1.0$，即材料去除效率为 100%，发生化学反应的原子都能被有效去除。当 $E_s/E_b < 1.0$ 时，由于施加的机械作用力不足以克服表面原子的结合键能，表面原子不能被有效去除，$\alpha = 0$，如图 2.10 中曲线 A 所示。实际加工过程中，光学元件表面不同位置的原子状态是不一样的，实际表面原子去除概率如图中曲线 B 所示。

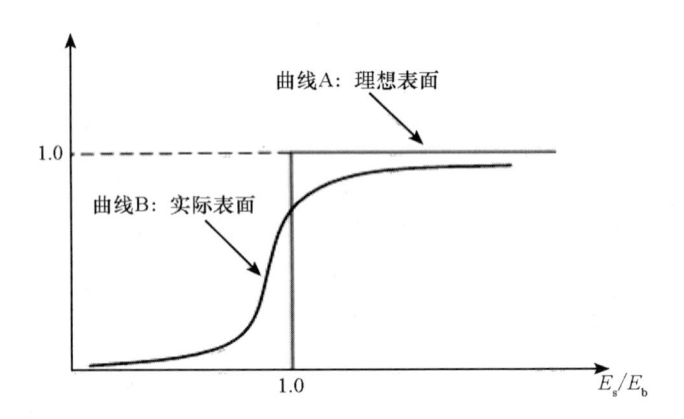

图 2.10　光学元件原子去除概率与相对剪切作用能之间的关系

流体运动能量是通过纳米抛光颗粒与光学元件表面之间的相互作用来实现能量的相互交换，单个抛光颗粒所传递的机械能可以近似表示为：

$$E_{ps} = \frac{\pi}{4}\tau d_p^2 L_m \qquad (2.9)$$

式中，τ 为抛光颗粒所受到的流体剪切力；d_p 为抛光颗粒粒径；L_m 为表层原子与次表层原子化学键断裂时表面原子需要发生的位移，与图 2.7 中的 C 位能点相对应。单个纳米抛光颗粒与光学元件表面接触的总原子数量 m 可以表示为：

$$m = \frac{4A_c}{\pi d_m^2} \qquad (2.10)$$

式中，A_c 为抛光颗粒与光学元件表面接触区域的面积，d_m 为光学元件表面原子的直径。假设接触区内所有的光学元件表面原子都会与纳米抛光颗粒表面发生化学键合反应，则实际去除的光学元件原子数量为：

$$m_r = m\alpha \qquad (2.11)$$

实现光学元件表面原子的去除必须克服其与基体原子的结合能。根据上述分析可知,实现单个原子去除的最小机械能 E_s 可以表示为:

$$E_s = \frac{E_{ps}}{m_r} = \frac{1}{16} \frac{\tau d_m^2 d_p^2 L_m}{A_c \alpha} \tag{2.12}$$

由接触力学原理可知,在一定作用力下,纳米抛光颗粒与光学元件表面的接触面积 A_c 可以近似表示为:

$$A_c = k d_p^2 \tag{2.13}$$

式中,k 为纳米抛光颗粒与光学元件表面之间的接触系数,其取值在 0 到 $\pi/4$ 之间,其值越大说明接触程度越高。因此,实现单个原子去除的最小机械能 E_s 可以简化为:

$$E_s = \frac{1}{16} \frac{\tau d_m^2 L_m}{k \alpha} \tag{2.14}$$

从上述分析可知,实现单个原子去除所需要的最小机械能与流体剪切力、光学元件表面原子直径的平方和表层原子与次表层原子化学键断裂时表面原子所需发生的位移成正比。所需要的流体剪切力越大,说明表层原子的结合程度越牢固,越难以去除;光学元件原子直径越大,表明单个原子具有能量越大,需要外界提供更多能量与其匹配;表层原子与次表层原子化学键断裂时表面原子所需发生的位移越大,说明光学元件附近原子对其具有的约束作用能越强,要摆脱其束缚需要外界提供的能量越大。单个原子去除的最小能量与纳米抛光颗粒和光学元件表面之间的接触系数、平均去除概率密度成反比。这说明在一定流体剪切力作用下,一方面,通过增大纳米抛光颗粒与光学元件表面的有效接触面积可以增加与抛光颗粒表面化学键合的光学元件表层原子数量,实现较大的材料去除;另一方面,平均去除概率较小是由于单个原子所需的最小能量较大,外界提供的能量不足以去除光学元件表面全部发生化学键合作用的原子。上述分析将为具体加工装置的设计构建提供技术支持,同时为加工特定类型的光学元件的参数优化提供理论指导。

2.2 光学材料加工弹性接触模型

光学元件基本属于硬脆材料,这类材料在外载荷作用下极易发生脆性破坏。其加工方式根据材料去除深度的不同,可以分为脆性、塑性及弹性域去除三种方式。传统加工主要以脆性和塑性去除模式进行,依靠抛光工具与光

脆性光学元件弹性域超光滑表面加工技术

学元件表面的机械作用，加工后表面存在由不同程度的裂纹、划痕以及残余应力组成的表面和亚表面损伤层。脆性去除深度较大，在高效去除材料的同时会造成严重的表面和亚表面损伤，是超光滑表面加工中最不希望发生的。当抛光颗粒在微小的作用力下压入光学元件表面较浅时，光学元件表面的材料将以塑性去除为主，加工表面相对比较平滑，亚表面损伤层明显减少，表面和亚表面损伤主要以划痕、加工残余应力等形式存在。Bifano 等人[95]基于断裂力学理论提出了脆性材料塑性去除的临界加工深度：

$$d_c = 0.15 \left(\frac{E}{H}\right)\left(\frac{K_c}{H}\right)^2 \tag{2.15}$$

式中，E 是光学元件材料的杨氏模量，H 是材料硬度，K_c 为材料的断裂韧性。当加工深度大于上式的临界加工深度时，材料以脆性去除为主；当加工深度小于上式的临界加工深度时，材料以塑性去除为主。上式忽略了抛光颗粒的形状和尺寸对临界加工深度的影响，具有一定的局限性。但上式说明了对加工深度的控制可以实现不同的材料去除模式。塑性去除虽然可以获得相对平滑的表面，但由于其去除机制的限制，还是难以满足现代光学系统对超光滑表面的要求。

2.2.1 实验分析

弹性域内光学元件表面材料只发生弹性变形，不会引入机械作用造成的表面损伤。如果能对光学元件实现弹性域抛光，就可以获得原子级超光滑的无损伤加工表面。材料近表面机械特性主要由杨氏模量、硬度和断裂韧性决定，其中杨氏模量与表面的弹性特性相关，与硬度、材料的塑性特性相对应，断裂韧性决定了材料的断裂特性。当抛光颗粒在微小作用力下压入光学元件表面时，光学元件表面只发生弹性变形。对于脆性材料，其塑性变形深度非常小，其弹性变形临界深度是否存在以及变形深度是否可控仍然是一个疑问。纳米压痕技术将具有纳米尺度的刚性压头在一定的载荷作用下压入试件表面，通过具有极高位移分辨率和力分辨率的传感器获得连续的载荷 – 位移曲线，可得到试件材料在纳米尺度下的硬度、弹性模量等力学性能参数，以及在加载载荷下的弹性变形深度和残留在试件表面的塑性变形深度[96]。图 2.11 是纳米压痕过程中的载荷 – 位移曲线。图中 P_{max} 为最大加载载荷，h_{max} 为最大压入深度，h_f 为压头在试件上留下的永久塑性变形深度。从图中可以看出，加载过程中试件表面首先发生弹性变形，随着载荷的不断增加，塑性变形开始出现且不断增大。卸载过程主要是弹性变形恢复过程，塑性变形是不可逆的，因此，刚性压头完全卸载后残留在光学元件表面形成压痕。根据分析可得，最大加载载荷 P_{max} 作用下的最大弹性变形深度 h_e 为：

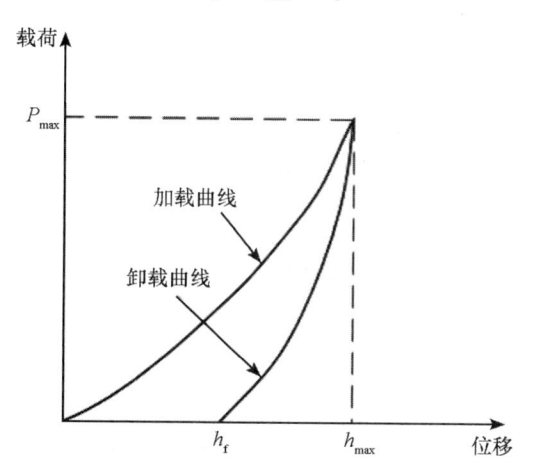

$$h_e = h_{max} - h_f \qquad (2.16)$$

图 2.11　纳米压痕过程中载荷 – 位移曲线

由于纳米压痕实验中采用的压头的尺寸非常小，可以模拟纳米抛光颗粒与光学元件表面的接触过程。本小节以石英玻璃为压痕试样，通过纳米压痕实验确定在特定纳米压头作用下的弹性变形深度。实验采用的是瑞士 CSM 公司生产的 UNHT 型超纳米压痕仪，最大加载载荷为 50 mN，载荷分辨率为 1 nm，最大压入深度为 100 μm，位移分辨率为 0.3 nm，压痕过程中采用金刚石三棱锥细小压头。图 2.12 为纳米压痕设备及实验过程中在不同载荷作用下石英玻璃的载荷 – 位移曲线。从图中可以看出，对于所选用的纳米压头，根据式（2.16）可知，在 70 μN 的载荷作用下石英玻璃发生纯弹性变形，其弹性变形深度为 15 nm 左右。当加载载荷增加至 120 μN 时，试样表面开始出现微弱的塑性变形。由于使用纳米锥形压头，压入深度的增加导致压头的有效尺寸增大，此时石英玻璃表面的弹性变形深度为 19 nm。当加载载荷增加至 170 μN 时，试件表面已经发生明显的塑性变形。此时随着压头有效压入尺寸的进一步增大，弹性变形深度增加到 22 nm。纳米压痕实验结果表明，石英玻璃表面存在明显的弹性变形区域。因此，加工过程中只要控制纳米抛光颗粒与光学元件表面的接触力，在弹性接触载荷范围内就可以实现二者之间的弹性碰撞。纳米压痕实验也同样表明：弹性变形的深度并不是稳定不变的，弹性接触的深度与所使用抛光颗粒粒径的大小有直接关系。因此，在实际建模过程中，必须考虑纳米抛光颗粒大小对光学元件表面弹性接触域的影响。

(a) CSM超纳米压痕仪

(b) 加载载荷70 μN

(c) 加载载荷120 μN

(d) 加载载荷170 μN

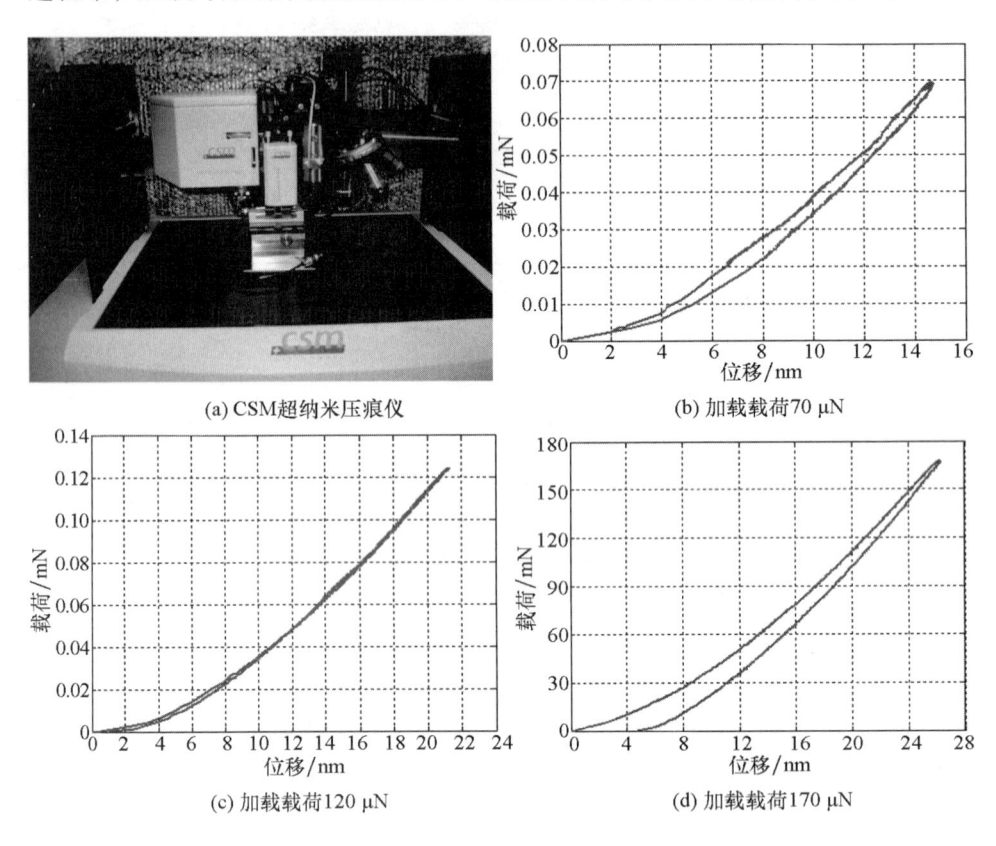

图2.12　纳米压痕仪及不同载荷作用下石英玻璃的载荷-位移曲线

2.2.2　临界条件

为保证加工过程中纳米抛光颗粒与石英玻璃表面的弹性碰撞，建立了如图2.13所示的接触模型。图中假定纳米抛光颗粒的形状为标准的球形。由于在实际加工过程中，光学元件经传统抛光后表面已经非常平滑（表面粗糙度RMS值小于3 nm），因此可以认为，在加工区域内抛光颗粒与光学元件表面的接触为球形与严格平面的接触。定义在法向载荷F_n作用下粒径为R的抛光颗粒压入光学元件表面深度为δ。假定加工过程中抛光颗粒不发生变形。由于在接触过程中不可能发生脆性接触，因此在建模过程中不考虑材料的断裂韧性参数，机械性能参数 H_w、E_w、ρ_w、μ_w 分别为光学元件材料的硬度、弹性模量、密度和泊松比。当法向作用力足够小时，光学元件表面只发生弹性变形，抛光颗粒与光学元件表面的接触为弹性碰撞过程，根据 Hertz 接触理论，弹性接触最大临界变形深度 δ_1 定义如下[97]：

$$\delta_1 = \left(\frac{3\pi k H_w}{4E_w}\right)^2 \cdot R \tag{2.17}$$

临界弹性变形深度对应的最大临界弹性接触载荷 F_1 为[97]：

$$F_1 = \left(\frac{4}{3}\right) E_w R^{1/2} \delta_1 \left(\frac{3}{2}\right) \tag{2.18}$$

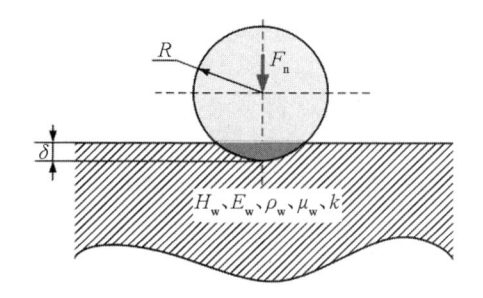

图 2.13　纳米抛光颗粒与光学元件表面的接触模型

实际加工过程中，只要保证抛光颗粒与光学元件的法向接触力 $F_n \leqslant F_1$，就可以实现抛光颗粒与光学元件表面的弹性撞击。在界面化学反应过程中，由于纳米颗粒粒径非常小，同时加工过程中抛光颗粒的运动速度一般比较低，纳米颗粒具有的动能一般很小，对光学元件表面的碰撞作用非常微弱，在实际加工过程很容易将光学元件表面的变形控制在弹性域阶段。因此，只要将纳米抛光颗粒与光学元件表面的碰撞作用力控制在弹性域范围，同时满足 2.1.3 节中的界面化学键合所需的势垒能以及实现单个原子去除的最小机械能，就可以实现光学材料弹性域范围的有效去除。

2.3　弹性域去除机制的实验验证

因超光滑加工装置的差异，光学材料的弹性域去除具有不同的实现方式。射流抛光中在射流压力作用下，抛光颗粒伴随流体运动与光学元件表面发生碰撞与分离。如果能将碰撞过程控制在光学材料弹性域范围内，就可以对弹性域去除机制进行有效验证。本节基于纳米射流抛光装置，对其材料去除机制进行了实验探索。根据抛光颗粒的运动轨迹，确定了光学元件表面弹性域范围内的接触条件；通过相关实验对弹性域内优异的超光滑表面加工效果进行了验证；最后通过对加工前后纳米抛光颗粒表面的成分分析，对抛光过程中的弹性域去除机制进行了论证。

为保证光学元件表面材料通过界面化学吸附实现材料去除，必须向纳米抛光颗粒提供界面化学吸附所需的活化能。同时，保证纳米抛光颗粒与光学元件表面的碰撞限制在弹性域扰动范围内，避免对光学元件表面造成机械碰撞损伤。由式（2.14）可知，实现光学元件表层原子的去除，必须满足单个原子脱离光学元件表面所需要的最小机械能。由于抛光颗粒所需要的所有能量主要是通过流体运动进行传递的，因此只要控制流体的定向运动就可以实现光学元件表面的弹性域范围内材料去除。本节基于纳米颗粒射流抛光，对光学材料弹性域去除的可行性进行分析。实际加工过程中，流体射流抛光喷射速度一般较低，喷射速度小于 40 m/s 属于低速射流抛光。

2.3.1 纳米抛光颗粒运动轨迹

在一定射流压力作用下，纳米抛光颗粒伴随流体通过一定喷射角度以一定喷射速度与光学元件表面发生碰撞作用。抛光颗粒的运动轨迹将严重影响其与光学元件表面的作用形式，因此必须对抛光颗粒在流场中的运动轨迹进行跟踪。在射流流场中作用于抛光颗粒上的力平衡方程可以表述为：

$$\frac{du_p}{dt} = F_d + F_m + \frac{g(\rho_p - \rho_s)}{\rho_p} \tag{2.19}$$

式中，u_p 为抛光颗粒速度，g 为重力加速度，ρ_p、ρ_s 分别为抛光颗粒和抛光液的密度，F_d 为抛光颗粒单位质量曳力，F_m 为使抛光颗粒周围流体加速而施加的附加作用力，也称作附加质量力。

$$F_d = \frac{18\mu}{\rho_p d_p^2} \frac{C_D Re}{24}(u - u_p) \tag{2.20}$$

$$F_m = \frac{1}{2}\frac{\rho_s}{\rho_p}\frac{d}{dt}(u - u_p) \tag{2.21}$$

式中，u 为流体速度，C_D 为曳力系数，d_p 为单个抛光颗粒粒径，μ 为抛光液动力黏度，Re 为相对雷诺数。

第 2 章
光学材料弹性域去除机理研究

$$Re = \frac{\rho_s d_p |u_p - u|}{\mu} \tag{2.22}$$

对式（2.19）进行求解，可以得到抛光颗粒在流体流场中不同时刻的速度。根据运动学方程，抛光颗粒的轨迹方程 S 与抛光颗粒的速度存在下列关系：

$$\frac{dS}{dt} = u_p \tag{2.23}$$

因此，通过对上式进行求解就可以得到抛光颗粒轨迹上任意位置的坐标，从而得到抛光颗粒在流场作用下的运动轨迹。

根据上述分析，结合流体动力学对不同粒径抛光颗粒的运动轨迹进行二维流体动力学仿真分析。图 2.14 是在相同喷射速度下不同粒径抛光颗粒在垂直喷射和倾斜喷射两种情况下的运动轨迹仿真结果。

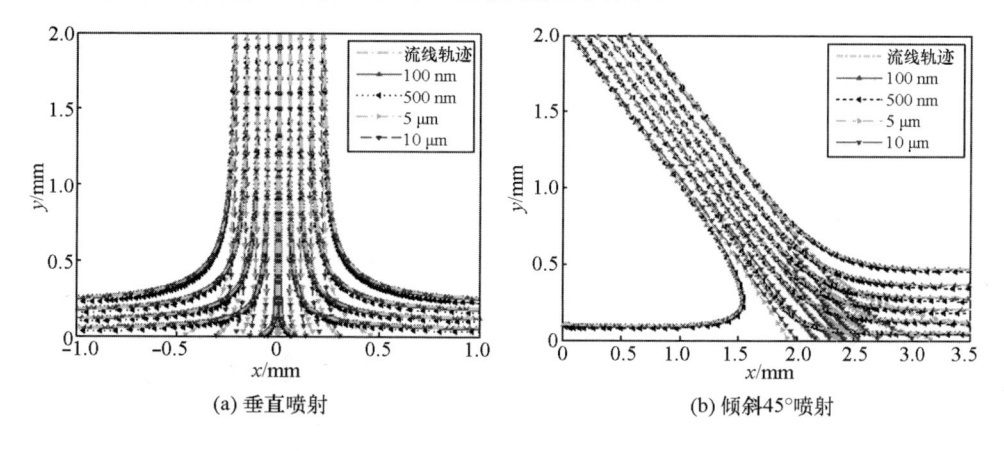

(a) 垂直喷射　　　　　　　　　(b) 倾斜45°喷射

图 2.14　不同角度下不同粒径抛光颗粒的射流运动轨迹（见彩插）

从图中可以看出，随着抛光颗粒粒径的增大，抛光颗粒将逐渐偏离流线运动轨迹，沿着初始出射方向与光学元件表面发生碰撞。当抛光颗粒粒径增大到 10 μm 时，抛光颗粒将基本沿着初始出射方向与光学元件表面发生直接碰撞。然而当抛光颗粒小于 100 nm 时，抛光颗粒基本与流线运动轨迹重合，在喷射至近表面时抛光颗粒做近圆周运动，最终平滑过渡与光学元件表面平行。抛光颗粒在做近圆周运动期间，在垂直运动方向上主要受离心力 F_{ce} 和法向斯托克力 F_{rr} 作用，两作用力与抛光颗粒粒径 d_p 可以用以下关系式表示[92]：

$$F_{ce} \propto d_p^3,\ F_{rr} \propto d_p \tag{2.24}$$

从上式可以看出，离心力与抛光颗粒粒径的三次方成正比，法向斯托克

· 33 ·

力与抛光颗粒粒径的一次方成正比,说明抛光颗粒粒径的变化对离心力的影响明显强于法向斯托克力。在离心力作用下,抛光颗粒将偏离圆周运动轨迹;法向斯托克力的作用是将抛光颗粒向圆周运动方向偏转。由式(2.24)可以看出,法向离心力受抛光颗粒粒径影响比较大。当抛光颗粒粒径较大时,离心作用力将大于法向斯托克力,导致抛光颗粒轨迹偏离圆周运动轨迹,粒径越大偏离圆周轨道越严重;但当抛光颗粒粒径减小时,离心作用力迅速减少,与法向斯托克力相当,使抛光颗粒在近表面严格按照圆周轨迹运动。抛光液中的抛光颗粒在从喷嘴出射瞬间具有与喷射流体一致的出射速度。大小不同的颗粒具有不同的动能。粒径越大的颗粒惯性作用力越大,保持初始运动状态的能力越强,因此大颗粒将严重偏离流线运动轨迹,沿着初始出射方向直接碰撞光学元件表面,与光学元件表面发生剧烈的冲击作用;粒径小的抛光颗粒由于惯性作用力相对很小,在圆周运动离心力作用下沿流线运动轨迹与光学元件表面发生轻微的碰撞。这与仿真结果中抛光颗粒粒径越大运动轨迹偏离流线轨迹越严重,小粒径抛光颗粒与流线运动轨迹重合一致。因此,纳米抛光颗粒在射流抛光过程中运动轨迹与流线运动轨迹基本一致,在靠近光学元件表面时做圆周运动,在离心力作用下与光学元件表面发生轻微碰撞。

2.3.2　纳米抛光颗粒与光学元件表面的碰撞模型

射流抛光过程中纳米抛光颗粒在喷射到近光学元件表面后会做近圆周运动平滑过渡,运动方向最终与光学元件表面保持平行。图2.15是流体在一定压力作用下以一定角度倾斜喷射到光学元件表面时流线运动轨迹的流体动力学仿真结果。流线的圆周运动半径在垂直喷射时近似为喷嘴半径[92],如图2.15所示,当以一定角度倾斜喷射时,圆周运动半径的均值可以近似表示为:

$$R_c = \frac{R_j}{\cos\theta} \quad (2.25)$$

式中,R_j为喷嘴半径,θ为喷射方向与垂直方向的夹角。从式(2.25)可以看出,当平行光学元件表面方向入射时,流线运动轨迹与光学元件表面的切向方向完全平行。

通过分析可知,不同粒径抛光颗粒具有不同运动轨迹。大粒径抛光颗粒将沿初始出射方向直接与光学元件表面发生剧烈碰撞,纳米抛光颗粒将沿着流线运动轨迹与光学元件表面发生微弱接触。图2.16是不同粒径大小的抛光颗粒与光学元件表面的碰撞方式。因此根据碰撞方式的不同，射流加工过程中抛光颗粒对光学元件表面的法向作用力有不同的表示形式。

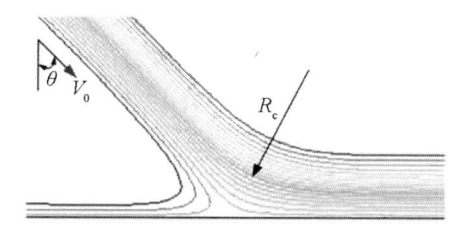

注：V_0 为流体的初始出射速度。

图 2.15　射流抛光流线运动轨迹的流体动力学仿真结果

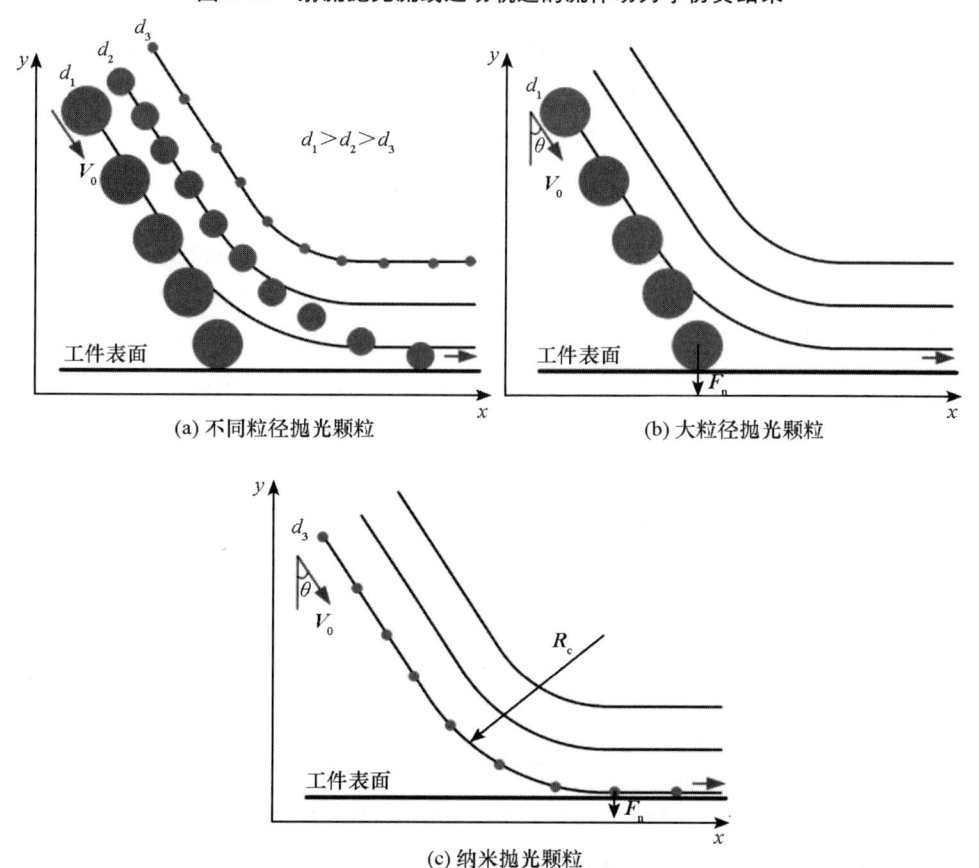

(a) 不同粒径抛光颗粒

(b) 大粒径抛光颗粒

(c) 纳米抛光颗粒

注：V_0 为流体的初始出射速度；d_i 为抛光颗粒粒径。

图 2.16　抛光颗粒运动轨迹模型

对于大粒径的抛光颗粒，由于其质量比较大，运动状态难以改变，颗粒将沿着初始出射速度方向直接碰撞光学元件表面，法向方向速度将急剧降低，最终变为零，因此根据动量守恒方程，此种情况下法向载荷为：

$$F_n = \frac{m_p \Delta v_n}{\Delta t} \quad (2.26)$$

式中，Δv_n 为法向方向速度分量，$\Delta v_n = V_0 \cos\theta$（$V_0$ 为流体的初始出射速度）；Δt 为抛光颗粒与光学元件表面发生碰撞过程的平均作用时间。根据参考文献[98]，Δt 可以表示为：

$$\Delta t = \frac{2\rho_s}{9\rho_p} \frac{R^2}{\mu} \quad (2.27)$$

纳米抛光颗粒由于质量小，惯性作用力比较弱，其运动状态很容易被改变，将最终沿着流线轨迹运动，在圆周运动离心力作用下与光学元件表面发生轻微的碰撞。其作用力根据牛顿运动力学可以表示为：

$$F_n = \frac{4}{3}\pi R^3 (\rho_p - \rho_s) \frac{V_0^2}{R_c} \quad (2.28)$$

为检验模型的正确性，分别采用不同粒径大小的抛光颗粒进行射流抛光实验，利用 Burker 公司的 Dimensional Icon 原子力显微镜对加工前表面微观形貌以及表面粗糙度变化进行观测。分别采用平均粒径为 3 μm 和 100 nm 的氧化铈抛光颗粒配置同等浓度抛光液在相同加工参数下进行实验，相关实验参数如表 2.1 所示。

表 2.1 射流抛光实验参数

实验参数	值
氧化铈颗粒密度/（kg/m³）	7 312
抛光液密度/（kg/m³）	1 300
喷射角度/（°）	45
喷射速度/（m/s）	30
喷射距离/（mm）	4

利用原子力显微镜对石英玻璃样件加工前后 1 μm×1 μm 区域的表面进行观测，结果如图 2.17 所示。通过对比分析可以发现，传统抛光的初始表面存在明显的塑性划痕，经过 3 μm 氧化铈抛光颗粒射流抛光后虽然初始表面的塑

性划痕被去除掉了，但加工后的表面存在明显的塑性坑，表面质量明显变差；经过 100 nm 氧化铈抛光颗粒射流抛光后，表面光滑且无塑性划痕，表面粗糙度明显降低。

(a) 初始表面　　　　　　　(b) 3 μm　　　　　　　(c) 100 nm

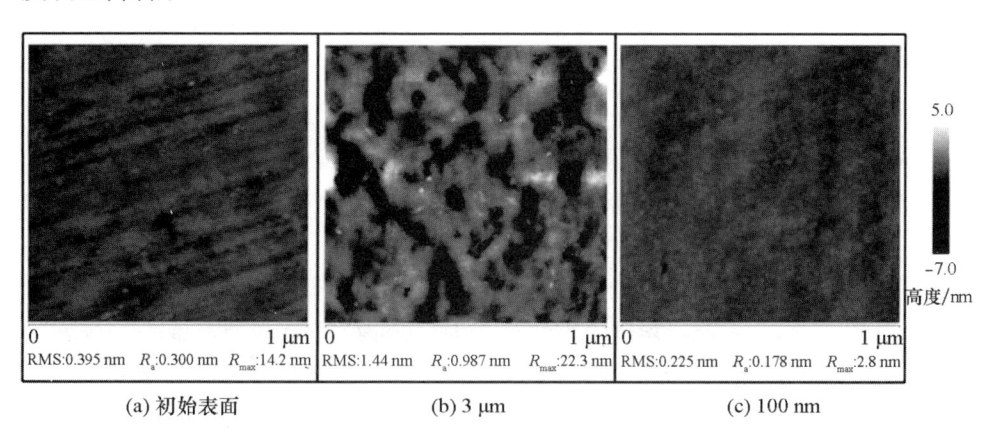

图 2.17　不同粒径抛光颗粒加工前后的表面形貌

对于石英玻璃材料，其弹性模量 $E_w = 71.4$ GPa，材料硬度 $H_w = 7.0$ GPa[99]，因此根据式（2.18）可以计算出实验过程中在两种不同颗粒作用下石英玻璃样件在弹性接触模式下所对应的临界接触载荷。同样根据式（2.26）和式（2.28）可以得到在射流加工过程中不同接触模式下抛光颗粒施加在光学元件表面的法向载荷。两种抛光颗粒在弹性接触下对应的临界载荷和实际加工中在不同接触模式下施加的法向载荷如表 2.2 所示。

表 2.2　不同粒径抛光颗粒的相关载荷大小

单位：N

相关载荷	3 μm	100 nm
弹性接触临界载荷	1.69×10^{-4}	1.878×10^{-7}
式（2.26）下的法向载荷	0.037	
式（2.28）下的法向载荷		8.01×10^{-12}

测试结果显示，3 μm 抛光颗粒加工后的表面出现了明显的塑性坑，表明塑性碰撞作用明显，材料去除以塑性去除为主。根据表 2.2 相关载荷分析结果可知，对于粒径为 3 μm 的大抛光颗粒，大颗粒碰撞条件下得到的抛光颗粒的法向载荷 0.037 N 远大于最大弹性变形的临界载荷 1.69×10^{-4} N，抛光颗粒与光学元件表面的接触为塑性接触，与实际加工结果相符合。大粒径颗粒

的碰撞光学元件表面瞬间产生较大冲击力,使光学元件表面发生了不可恢复的塑性变形,导致加工后表面出现塑性凹坑,说明粒径大于 3 μm 的抛光大颗粒在惯性力作用下在撞击光学元件表面瞬间将严重偏离流线运动轨迹,沿着近似初始出射方向直接碰撞光学元件表面,与光学元件表面发生剧烈的冲击作用。这与普通射流加工后的表面粗糙度一般会变差的结果相一致[34,100-102],这主要是由于传统流体射流抛光加工过程中抛光颗粒粒径在微米量级材料以塑性去除为主[102]。纳米抛光颗粒射流抛光时表面质量明显提升,主要是由于纳米抛光颗粒粒径小,会沿着流线轨迹与表面发生轻微碰撞,材料去除发生在弹性域。粒径为 100 nm 抛光颗粒加工后的表面光滑且无塑性划痕,说明加工过程中以弹性域内的化学作用辅助材料去除为主。根据表 2.2 分析结果可知,在此种情况下小颗粒条件下的法向载荷为 8.01×10^{-12} N,远小于最大弹性变形临界载荷 1.878×10^{-7} N,纳米抛光颗粒对光学元件表面的碰撞为弹性接触。在弹性域内,材料去除主要依靠抛光颗粒与光学元件表面原子的化学键合反应实现,氧化铈颗粒与玻璃表面的硅酸盐首先发生化学反应形成大量 Ce—O—Si 键。在流体剪切力作用下,当氧化铈抛光颗粒脱离光学元件表面时,Si—O—Si 键被机械撕裂导致 SiO_2 或 Si$(OH)_4$ 单体被去除,这使弹性域内材料去除成为可能[20,33,103]。由于凹凸不平表面上凸点表面原子相对于其他表面原子与基体结合力比较弱,成键相对不饱和,因此很容易与氧化铈抛光颗粒发生化学反应,同时,与基体结合不牢固,因此很容易被去除。凸点原子被优先去除,最终将获得超光滑的无损伤表面。

图 2.18 是两种不同粒径抛光颗粒在表 2.1 工艺条件下的材料去除速率。从图中可以看出,粒径为 3 μm 的抛光颗粒材料去除速率明显高于 100 nm 抛光颗粒的材料去除速率。这主要是大粒径抛光颗粒在机械作用下压入光学元

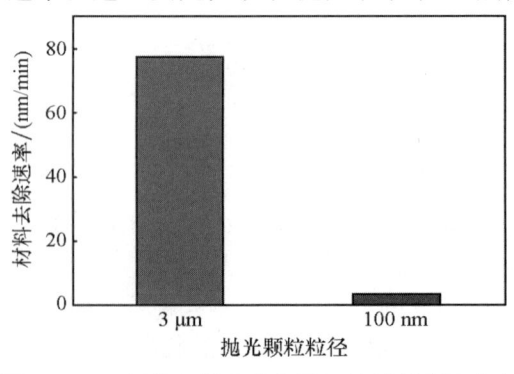

图 2.18 不同粒径抛光液作用下的材料去除速率

件表面，依靠机械耕犁作用以塑性去除方式为主，材料去除效率明显；纳米抛光颗粒在弹性域内与光学元件表层原子发生界面化学吸附，其反应深度仅限于表层原子，材料以原子级水平去除，因此其去除效率相当低。

2.3.3 纳米抛光颗粒弹性域射流加工效果

通过上述分析可知，纳米抛光颗粒射流抛光可以实现光学元件表面材料的弹性域去除。为了进一步对其超光滑表面能力进行验证，利用纳米氧化铈配置抛光液对一块经过磁流变抛光的石英玻璃样件进行加工。为验证其去除磁流变定向抛光纹路的加工效果，利用三维形貌轮廓仪（ZYGO New View 700）对加工前后的表面进行了表面粗糙度测量。图 2.19 是加工前后光学元件表面粗糙度测量结果。磁流变抛光过程中，材料去除主要是利用梯度磁场下的强剪切力实现，以塑性去除为主。从图 2.19（a）中可以看到明显的磁流变抛光留下的加工纹路。从图 2.19（b）中可以看出经过纳米抛光颗粒弹性域射流抛光后，磁流变抛光纹路明显被抑制了，虽然受去除深度限制并未完全去除，但随着加工的不断进行，抛光纹路将被完全去除。测量结果显示经过加工后，光学元件表面粗糙度的 RMS 值由加工前的 0.72 nm 降至 0.41 nm，表面粗糙度的 PV 值由 20.9 nm 降至 10.5 nm，加工后的表面明显变光滑了。

图 2.20 是利用原子力显微镜对加工前后光学元件表面的 $5~\mu m \times 5~\mu m$ 区域的表面微观结构进行观测的结果。从图中可以看出，初始表面存在明显的因磁流变加工产生的定向纹路，而经过抛光后定向加工纹路被消除，光学元件表面明显变平滑。

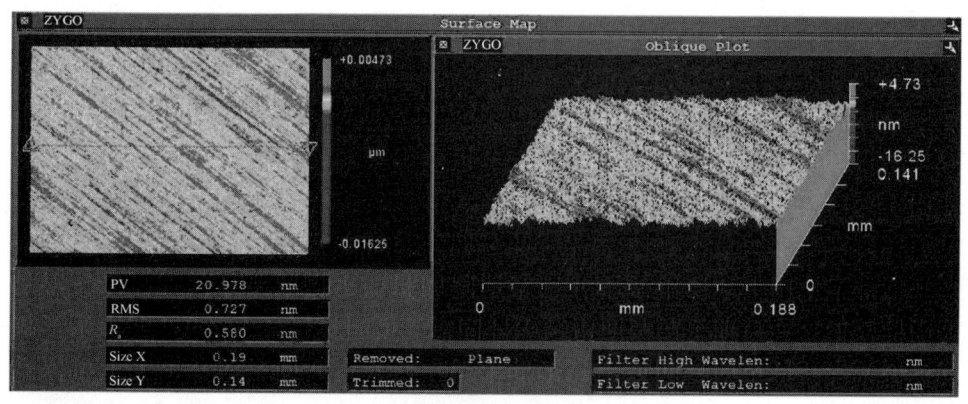

(a) 加工前

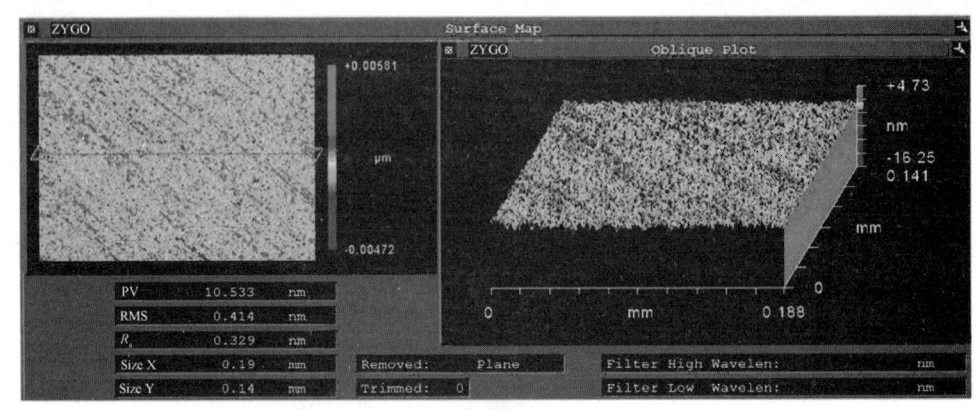

脆性光学元件弹性域超光滑表面加工技术

(b) 加工后

图 2.19　加工前后 ZYGO New View 700 表面粗糙度测试结果（见彩插）

(a) 加工前　　　　　　　　　　　　(b) 加工后

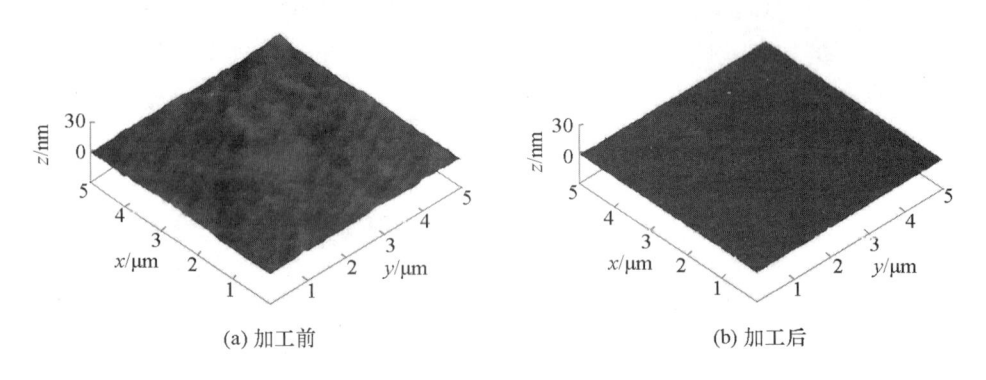

图 2.20　加工前后表面原子力显微镜观测结果

2.3.4　弹性域去除实现的证据

根据 2.1 节材料去除机理可知，光学玻璃加工过程中，纳米抛光颗粒与光学元件表面原子产生界面化学反应，通过 R—O—Si 键将二者连接起来。在纳米抛光颗粒脱离光学元件表面时，通过 R—O—Si 键将表层原子拽离光学元件表面，因此加工后纳米抛光颗粒表面新引入了 R—O—Si 结构。由于纳米二氧化硅具有与玻璃材料相同的化学组成元素，因此很难将界面化学反应所产生的新结构从其表面结构中分辨出来，给测试实验验证带来一定困难。因此，为了方便对加工过程的界面化学吸附过程进行论证，本小节采用常用光学材料石英玻璃作为加工样件,选用与玻璃材料具有不同组成成分的纳米氧化铈作为抛光颗粒。

利用纳米氧化铈配置的抛光液对石英玻璃样件进行连续的射流抛光。加工完成后,取一定量经过加工和未经过加工的抛光液在干燥箱中烘干,得到两种(加工前、加工后)纳米抛光粉末。分别采用不同的光谱分析手段对其组成成分进行分析。

1. **红外透射光谱分析**

由于红外光谱测量分析中不同原子组成的各种基团都有自己特定的红外光谱,谱图中的吸收峰与基团的振动形式相对应。将加工前后两种抛光粉与干燥的溴化钾粉末按照质量比为1∶50的比例混合均匀后,在专用制片装置上将其压制成直径为 10 mm 左右的小圆片,然后利用傅里叶-共焦显微-拉曼光谱仪对其进行傅里叶变换红外光谱仪(Fourier transform infrared spectrometer, FTIR)分析。光谱测试结果如图 2.21 所示。从图中可以看出,加工后的纳米氧化铈抛光颗粒在波数 852 cm^{-1} 处出现了明显的吸收峰。相关文献[89,103-104]表明,Ce—O—Si 的基团频率对应特征吸收峰正好处于 852 cm^{-1} 位置。这说明加工过程中纳米氧化铈与石英玻璃光学元件表面发生了明显界面化学反应,导致了 Ce—O—Si 官能团出现在纳米氧化铈抛光颗粒表面。

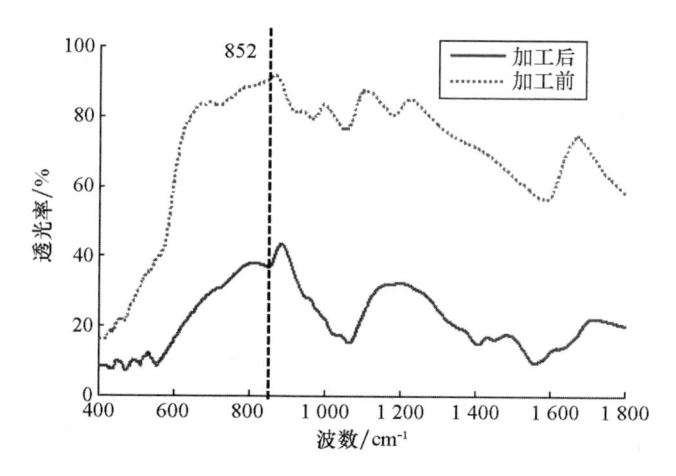

图 2.21 加工前后纳米氧化铈的 FTIR 分析结果

2. **X 射线衍射光谱分析**

X 射线衍射(X-ray diffraction, XRD)光谱分析是另一种用于物质化学结构的检测手段。当将具有一定波长的 X 射线照射到晶体物质上时,X 射线因在晶体内遇到规则排列的原子而发生散射，散射的光线在某些方向上的相位得到加强而显示出与晶体结构方向相对应的特有衍射现象。因此 X 射线只能对晶体结构进行分析，非晶体结构没有其特有衍射现象。实验采用日本理学公司的 TTR Ⅱ 型高功率 X 射线衍射仪对加工前后的抛光粉末以及石英玻璃进行衍射光谱分析。

图 2.22 是加工前后纳米氧化铈抛光粉末和石英玻璃的 XRD 检测分析谱图。图中仅出现了氧化铈萤石结构的衍射峰。石英玻璃属于非晶体结构，观测不到其特征衍射峰。对比分析可以发现，加工后纳米氧化铈的衍射强度明显下降，说明加工后氧化铈的晶格程度明显降低。主要是由于加工过程中化学碰撞反应导致氧化铈表面 Si 以 Si—O—Ce 络合物结构存在。Si 元素的引入导致加工后的氧化铈出现了一定非晶体结构，使不同晶向的晶体化程度降低，造成衍射强度下降。

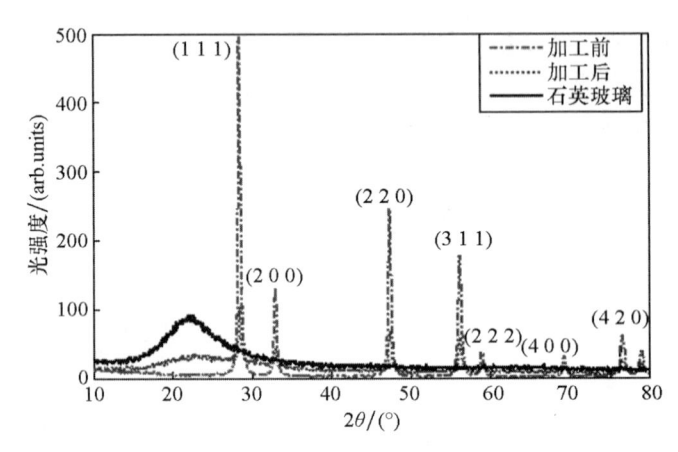

图 2.22　加工前后纳米氧化铈抛光粉末和石英玻璃的 XRD 分析结果（见彩插）

3. X 射线光电子能谱分析

X 射线光电子能谱（X-ray photoelectron spectroscopy，XPS）可以对加工前后纳米氧化铈抛光颗粒的化学元素组成成分以及元素化学状态进行分析。实验采用英国赛默飞世尔公司（Thermo Fisher Scientific）生产的 K‐Alpha 1063X 射线光电子能谱仪，以 C 1s 作为内标对样品表面的荷电效应进行校正。测试分析发现加工前后氧化铈颗粒中都含有 Ce、O 和 C，而在加工后的抛光颗粒中新增了 Si、Cu 和 Na 元素。表 2.3 是加工前后的抛光颗粒元素含量分析结果。Cu 和 Na 元素的出现主要是由于铜合金泵体被抛光液氧化溶解在水中，在干燥过程中逐渐附着在抛光颗粒表面。Si 元素的出现主要是由于纳米氧化铈抛光颗粒与石英玻璃发生了界面化学吸附反应。

表2.3 加工前后纳米氧化铈抛光颗粒表面的元素组成

状态	Ce	O	C	Si	Cu	Na
加工前	28.48%	64.31%	7.21%	0	0	0
加工后	13.61%	62.83%	7.82%	0.96%	1.93%	12.85%

元素结合状态的不同会改变其结合键能的大小，从而产生化学键能漂移现象[89]。图2.23是加工前后纳米氧化铈抛光颗粒的XPS分析谱图。从图2.23（b）中可看出，在CeO_2中O元素的结合键能为529.27 eV，同时在较高的结合键能531.38 eV处也出现了一个小尖峰，这主要是纳米氧化铈抛光颗粒与空气中的水分子发生反应在其表面形成的羟基所致。加工后这个尖峰的强度基本保持一致，但是主峰强度衰弱同时结合键能由529.27 eV漂移至528.68 eV，这意味着氧原子周围的电子强度发生了改变。从图2.8中可以看出，纳米氧化铈表面的羟基是与羟基化光学元件表面的硅氧烷（—Si—OH）的反应点。纳米氧化铈表面由加工前的Ce—OH变化为加工后的Ce—O—Si，是O原子周围电子密度变化的原因，因为Si元素的电负性（1.9）要比氢元素的电负性（2.2）要弱[105]。O元素的主峰的衰弱主要是因为与Cu和Na等元素发生反应消耗了一部分。氧化铈表面由初始的Ce—OH变换为反应后的Ce—O—Si—OH，因此加工后羟基的数量基本保持一致。图2.23（c）测试结果表明，Ce 3d的结合键能由882.28 eV漂移到881.68 eV。这是由于Si元素和H元素电负性不同导致Ce元素周围电子密度发生的变化。这也说明加工过程中由于界面化学反应形成了Ce—O—Si结构。

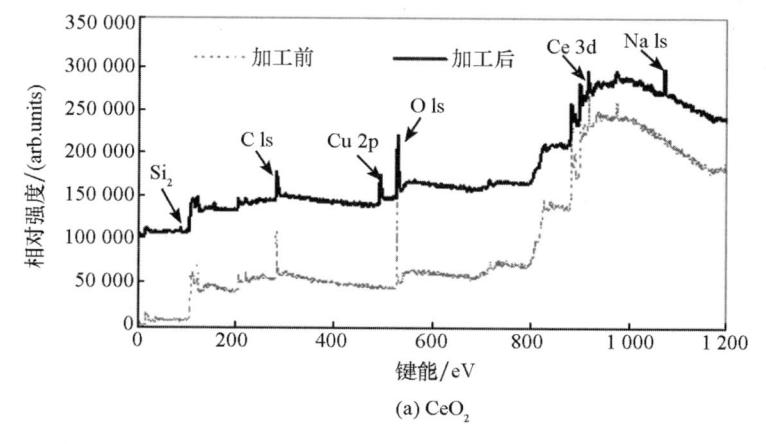

(a) CeO_2

脆性光学元件弹性域超光滑表面加工技术

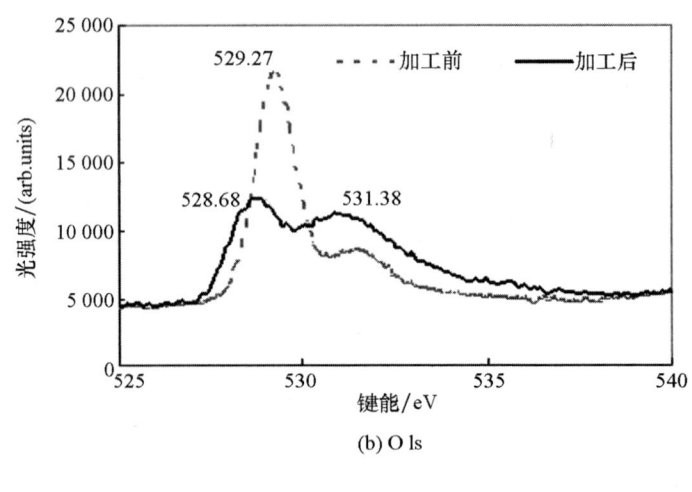

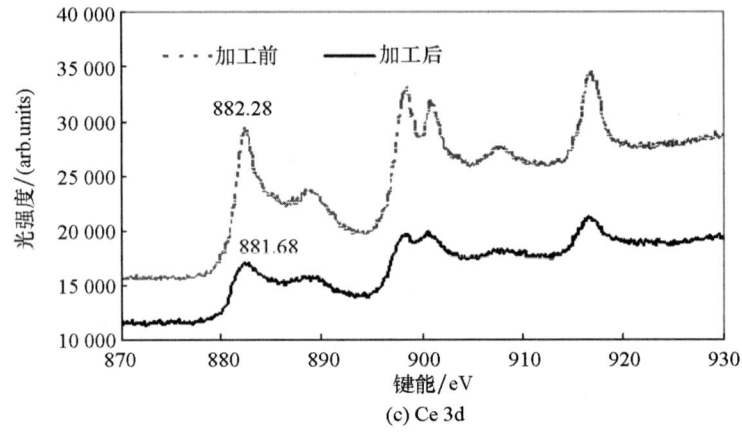

(b) O 1s

(c) Ce 3d

图 2.23　加工前后纳米氧化铈抛光颗粒的 XPS 分析结果

上述不同的光谱分析结果都表明在加工后纳米氧化铈抛光颗粒表面形成了 Ce—O—Si 结构。而 Ce—O—Si 结构的产生主要是由于加工过程中纳米抛光颗粒与光学元件表面产生了界面化学反应，通过 Ce—O—Si 键将二者连接起来。在抛光颗粒脱离光学元件表面时，通过该化学键将光学元件表层的原子拽离。由此可以证明，特定的纳米抛光颗粒在弹性域范围内与光学元件发生界面化学吸附反应是完全存在的。

第 2 章
光学材料弹性域去除机理研究

2.4 不同纳米抛光颗粒的材料去除特性

由 2.3 节分析可知,光学材料的弹性域去除主要是依靠纳米抛光颗粒与光学元件表面的界面化学吸附反应实现的。由于组成成分、具体结构的差异,不同纳米抛光颗粒的化学吸附反应过程具有不同的特点。材料去除的稳定性是实现超光滑表面加工的前提。本节基于对光学加工中常用的氧化铈、氧化硅两种纳米抛光材料去除机理的分析,通过材料去除稳定性的实验探索,对纳米抛光颗粒进行了优化选择。

2.4.1 纳米氧化铈抛光颗粒

作为优秀的抛光介质,氧化铈目前已被广泛地应用于高精度光学元件的抛光,表现出非常优异的抛光效果。氧化铈作为目前性能最为优良的稀土抛光材料之一,与其他硬度较高的抛光介质相比,具有抛光效率好、抛光表面质量高等优点[104]。虽然氧化铈已经被广泛地应用于光学玻璃材料的抛光,但对于氧化铈抛光材料的去除机理还不是很了解。传统大粒径颗粒抛光过程被认为是化学去除和机械去除复合作用的结果。

1. 材料去除机理分析

Gilliss 等人[106]采用电子能量损失谱技术对氧化铈抛光颗粒的纳米化学特性进行了研究,发现氧化铈中的 Ce 主要存在 Ce^{3+} 和 Ce^{4+} 两种价态。Sabia 等人[107]从热力学的观点说明了氧化铈在水溶液中并不稳定,Ce^{4+} 极易转变为 Ce^{3+},从而使氧化铈中的 Ce 主要以 Ce_2O_3、$Ce(OH)_3$ 两种形式存在于氧化铈抛光颗粒表面。Kelsal 等人[108]认为抛光过程中,氧化铈主要依靠具有化学活性的 Ce^{3+} 与 Si 形成的 Ce—O—Si 键使光学元件中的 Si 被抛光去除。由于弹性域范围内的超光滑加工过程中机械去除作用可以忽略,因此纳米氧化铈抛光主要是通过 Ce^{3+} 与玻璃材料 $[SiO]_4$ 发生化学反应实现材料去除。Ce^{3+} 与 SiO_2 发生化学键合反应生成 Si—O—Ce,在机械剪切力作用下 Si—O—Si 键断裂从而实现材料去除,生成以 Si—O—Ce 结合的络合物。综上分析,纳米氧化铈的材料去除机理可以用下述化学式表示:

$$SiO_2 + H_2O \longrightarrow Si(OH)_4 \qquad (2.29)$$

$$CeO_2 + 2H_2O \rightleftharpoons Ce(OH)_3 + \frac{1}{2}H_2O_2 \qquad (2.30)$$

$$Ce(OH)_3 + Si(OH)_4 \longrightarrow Ce_2O_3 \cdot SiO_2 + H_2O \qquad (2.31)$$

玻璃在极性水分子作用下首先发生表面羟基化反应，在表面形成一层 Si(OH)$_4$ 水解层。羟基化后表面的羟基具有很强的成键能力，极易与靠近的原子成键。氧化铈在水中由于 Ce^{4+} 的热稳定性很差，极易转化为 Ce^{3+}。当表面附着 Ce(OH)$_3$ 的氧化铈抛光颗粒与表面羟基化玻璃表面接触时，两表面之间的—OH 很容易发生化学键合反应，将二者通过 Ce—O—Si 键连接起来。当纳米氧化铈抛光颗粒在机械剪切力作用下脱离表面时，光学元件表层原子 Si—O—Si 键断裂，在抛光颗粒表面形成以 Si—O—Ce 结合的络合物。

为证明在纳米氧化铈抛光加工过程中起化学作用的主要是 Ce^{3+} 而非 Ce^{4+}，在抛光液中添加不同剂量的（H_2O_2）双氧水，使纳米氧化铈抛光液中的 Ce^{3+} 在不同程度上被氧化为 Ce^{4+}。将质量分数为1%的纳米氧化铈抛光液平分为五等份，分别标记为 Ⅰ、Ⅱ、Ⅲ、Ⅳ、Ⅴ，分别添加不同分量的30% H_2O_2。Ⅰ 不做任何添加处理，Ⅱ 添加 H_2O_2 使其质量分数为0.2%，Ⅲ 添加 H_2O_2 使其质量分数为0.6%，Ⅳ 添加 H_2O_2 使其质量分数为1.0%，Ⅴ 添加 H_2O_2 使其质量分数为2.0%。图2.24 是 Ⅰ 和 Ⅴ 的抛光液颜色对比示意图。未加 H_2O_2 时，抛光液颜色为乳白色，当添加过量 H_2O_2 时，抛光液颜色变为淡黄色。这主要是因为氧化铈在水溶液中并不稳定，部分 Ce^{4+} 极易转变为 Ce^{3+}，在空气中 Ce^{3+} 极易被氧化为 Ce^{4+}，而 Ce^{3+} 的本征颜色为白色，Ce^{4+} 的本征颜色为淡黄色。H_2O_2 是强氧化剂，当加入氧化铈抛光液中时，会发生下列化学反应：

$$Ce^{3+}(白色) + H_2O_2 \longrightarrow Ce^{4+}(淡黄色) + H_2O + \frac{1}{2}O^{2-} \qquad (2.32)$$

氧化铈在水中非常不稳定，颗粒表面的 Ce^{4+} 极易转化为 Ce^{3+}，形成一层 Ce(OH)$_3$。同种物质在不同化合价状态时会显示不同的本征色，Ce 元素以 Ce(OH)$_3$ 形式存在时其本征色显现为白色，而以 $CeO_2 \cdot H_2O$ 存在时显现为淡黄色[109]。H_2O_2 的不断增加导致抛光液中的 Ce^{3+} 逐步变为 Ce^{4+}，抛光液的颜色也随之由乳白色向淡黄色转变。当添加过量 H_2O_2 时，抛光液中的 Ce^{3+} 全部被氧化为 Ce^{4+}，抛光液颜色显现出 Ce^{4+} 的本征色。

(a) I　　　　　　　　　　　　　　(b) V

图 2.24　不同组分纳米氧化铈抛光液的颜色（见彩插）

  由于 H_2O_2 具有强烈腐蚀能力，为了避免其对射流抛光管路和泵体的腐蚀，抛光实验在双转子抛光平台上进行。实验选用抛光盘为直径 25 mm 的柔性沥青盘，公转偏心距为 2 mm，公转转速为 100 r/min，自转转速为 105 r/min。分别采用不同组分抛光液在石英玻璃表面上进行定点抛光实验，定点加工时间为 5 min。为分析不同抛光液对材料去除速率的影响，首先利用 ZYGO 公司的波面干涉仪 XP/D1000 对样件初始面形进行测试。将加工后样件的表面面形减去初始表面面形就可以得到不同加工条件下的材料去除量。图 2.25 分别是不同组分纳米氧化铈抛光液的材料去除速率。从图中可以看出，随着 H_2O_2 含量的增加，材料去除速率明显降低。当 H_2O_2 含量增加至 2.0% 时，材料去除量已经基本不明显。这主要是由于 H_2O_2 含量的增加导致抛光液纳米氧化铈表面的 Ce^{3+} 逐渐被氧化 Ce^{4+}，而抛光过程中纳米氧化铈与玻璃光学元件表面发生界面化学反应主要是通过 Ce^{3+} 来实现的。抛光液中 Ce^{3+} 数量的减少导致化学键合作用的减弱，从而使材料去除速率降低。当抛光液中 Ce^{3+} 完全被氧化为 Ce^{4+} 时，材料去除速率几乎为零，说明纳米氧化铈的材料化学去除作用占据主导地位。纳米氧化铈抛光液中起化学抛光作用的是 Ce^{3+} 而非 Ce^{4+}，增加抛光液中的 Ce^{3+} 含量有助于提升其材料去除速率。

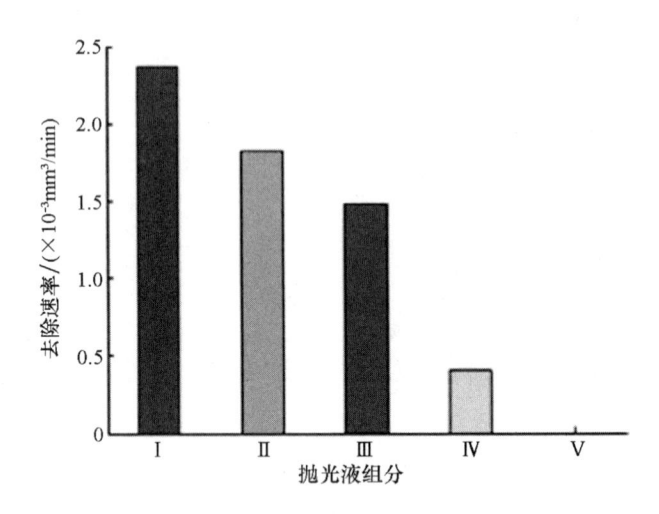

图 2.25　不同组分纳米氧化铈抛光液的材料去除速率

2. 材料去除稳定性

材料去除稳定性是实现高精度表面加工的前提。因此有必要对其材料去除稳定性进行研究。基于射流抛光对纳米氧化铈的材料去除稳定性进行实验探索。为模拟实际加工过程，准备两块石英玻璃样件，一块用于获取不同时刻加工过程中的定点材料去除深度，另一块用于定点加工时间间隔期间的加工，从而保证在实验过程中纳米氧化铈时刻处于加工状态。去除实验过程中纳米氧化铈抛光液的质量分数为 1%，利用直径 0.2 mm 的小孔喷嘴进行喷射实验。每间隔 20 min 进行定点 4 min 抛光，定点抛光点数为 21 个，总加工时间为 600 min。

不同时刻定点抛光的材料去除深度如图 2.26 所示，图中箭头表示定点抛光顺序。从图中可以看出纳米氧化铈材料去除速率的变化可以分为三个阶段：第一阶段，随着抛光时间的进行，材料去除速率迅速降低；第二阶段，材料去除速率缓慢下降，材料去除相对稳定；第三阶段，材料去除速率迅速下降，材料去除速率在很短的时间内下降为零。根据材料去除机理分析原因：一方面，加工过程中界面化学吸附，将光学元件表面 Si 原子引入到纳米氧化铈抛光颗粒表面，对其化学性能造成了影响，削弱了抛光颗粒表层原子的结合强度，导致不足以克服光学元件表层原子的结合力；另一方面，加工过程中吸附在颗粒表面的 Si 原子严重阻碍了纳米抛光颗粒表面的 Ce^{3+} 与后续的光学元件表面原子发生化学吸附作用。加工初期材料去除效率较高导致较多 Si 原子的引入，对其抛光性能造成严重影响，导致其材料去除率迅速降低。随着材料去除速率的降低，抛光颗粒表面新引入 Si 原子的数量明显减少，对其抛光性能的影响作用明显减弱，这也使得加工第二阶段材料去除速率缓慢下降。当纳米抛光颗粒抛光的 Si 原子积累到一定数量时，纳米氧化铈抛光性能受严重影响，导致其材料去除速率迅速降低甚至为零。

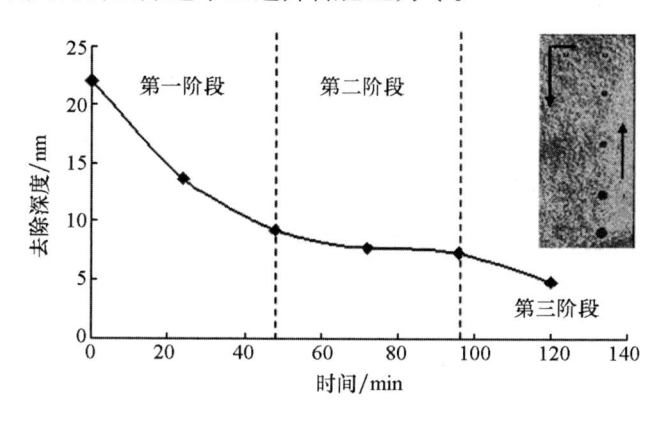

图 2.26 纳米氧化铈的材料去除稳定性

2.4.2 纳米氧化硅抛光颗粒

纳米氧化硅作为优秀的抛光介质，在化学机械抛光中具有广泛的应用。Kazuto 等人[68]利用第一性原理对纳米氧化硅在硅片加工过程中的界面化学吸附过程进行了分子动力学仿真分析，仿真结果表明氧化硅中的 Si—O 键具有比 Si—Si 更强的键能，因此可以通过较强的 Si—O 键撕裂 Si—Si 实现材料去除。纳米氧化硅具有与光学玻璃材料相同的元素组成，对于其材料去除机理研究还不够明晰，需进一步探究。本小节根据纳米氧化硅与玻璃材料的结构区别，进行了分子动力学仿真，对其去除机理进行了分析，最后对其材料去除的稳定性进行了实验探索。

1. 材料去除机理分析

界面化学吸附形成 Si—O—R，将纳米抛光颗粒与光学元件表面连接起来。当抛光颗粒在流体剪切力作用下脱离光学元件表面时，依靠界面化学反应过程中产生的化学键将光学元件表层原子拽离光学元件表面实现材料原子级去除。因此只有形成的 R—O 键强度比 Si—O 键强度大时，才能将光学元件表层原子拽走从而实现材料去除。纳米二氧化硅抛光颗粒具有与玻璃材料相同的元素成分 Si、O，如果二者 Si—O 键强度相当将很难实现材料的有效去除。实验中所采用的纳米氧化硅具有疏松多孔结构，属于偏离稳定状态的欠氧结构，它的分子式为 SiO_x，式中 x 取值一般为 1.2～1.6 或 1.18～1.81[14,110-111]。为了分析纳米氧化硅的欠氧结构对其中 Si、O 原子结合状态的影响，利用分子动力学软件 Material Studio 对 SiO_2 三种不同欠氧结构的单体进行了分子动力学仿真，以分析 Si—O—Si 的键角变化，仿真结果如图 2.27 所示。

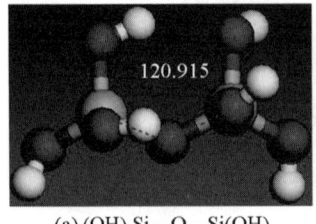

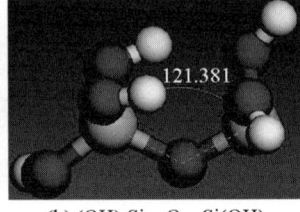

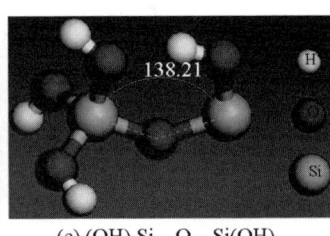

(a) $(OH)_3Si—O—Si(OH)_3$ (b) $(OH)_3Si—O—Si(OH)_2$ (c) $(OH)_3Si—O—Si(OH)_1$

图 2.27 SiO_2 的不同欠氧结构的分子动力仿真结果

分析发现 $(OH)_3Si—O—Si(OH)_3$ 随着组分氧原子数量的减少，Si—O—Si 键角逐渐增大。在 ─Si—O─ 结构中 Si—O—Si 的键角在 120°～180°范围内变化，同时 Si—O 键相对强度与 Si—O—Si 键角 φ 存在如下关系[112]：

$$E = \left(\frac{1.605}{0.15626 - 0.0068\sec\varphi}\right)^4 \quad (2.36)$$

根据上式对 $(OH)_3Si—O—Si(OH)_3$ 单体中不同欠氧程度的 Si—O—Si 中 Si—O 键强的变化进行分析，结果如表 2.4 所示。从表中可以看出，随着 Si—O—Si 键角的增大，Si—O 的键能逐渐增强。玻璃材料 $[SiO_4]$ 一般都是稳定的 SiO_2 结构，而纳米氧化硅属于处于不稳态的欠氧结构。这说明纳米氧化硅中 Si—O 键的平均键能大于玻璃材料中的 Si—O 键的平均键能。这就保证了实际加工过程中，纳米氧化硅抛光颗粒能够在界面化学吸附过程中将玻璃材料中的 Si—O—Si 键撕裂，实现材料的有效去除。

表2.4 不同结构中 Si—O—Si 键角与 Si—O 键强的相对关系

结构	Si—O—Si 键角/(°)	Si—O 相对键强
(OH)$_3$Si—O—Si(OH)$_3$	120.915	8 773.8
(OH)$_3$Si—O—Si(OH)$_2$	121.381	8 811.4
(OH)$_3$Si—O—Si(OH)$_1$	138.217	9 701.8

2. 材料去除稳定性

基于射流抛光对纳米氧化硅材料去除稳定性进行了实验探索分析。所用的纳米氧化硅抛光液的质量分数为20%。实验过程及实验加工参数与纳米氧化铈材料去除稳定性实验基本一致。不同时刻的材料去除深度如图2.28所示,图中箭头表示定点抛光顺序。从图中可以看出,随着加工时间的进行,材料去除速率基本保持一致。这说明纳米氧化硅材料去除具有良好的稳定性。根据去除机理,可以对其稳定性作出以下解释:一方面,由于氧化硅具有与玻璃材料相同的元素组成,通过界面化学吸附的光学元件表面原子附着在颗粒表面并不会对纳米氧化硅组成造成影响,因此不会对其化学特性造成影响;另一方面,加工过程中通过表面吸附的 Si、O 原子不会对纳米氧化硅的多孔结构造成影响,因此不会改变其欠氧结构。这使得加工过程中纳米氧化硅中 Si—O 键的键能始终比光学元件中的强,保证了加工过程的持续进行。

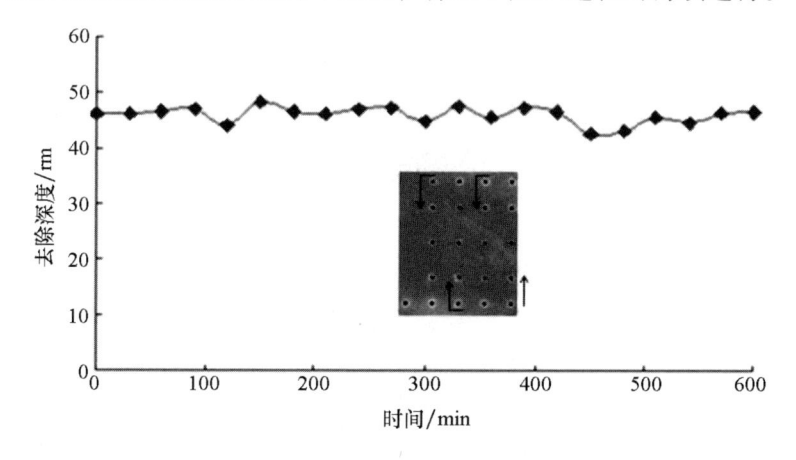

图2.28 纳米氧化硅的材料去除稳定性

综上分析可知,纳米氧化铈和纳米氧化硅都可以通过界面化学吸附对玻璃材料实现原子级水平材料去除。由于材料去除机理的差别,其材料去除稳定性明显不一样。纳米氧化铈因界面化学吸附过程中引入的光学元件原子对其抛光性能造成了严重影响，材料去除速率随着加工时间的进行逐渐降低直至为零。相关实验表明，通过持续更新部分纳米氧化铈抛光液可以获得相对稳定的材料去除速率，但其控制过程比较复杂，而且会造成抛光液的浪费。纳米氧化硅由于具有与玻璃材料相同的元素组成，加工过程中新引入的光学元件原子并不会对组成结构造成影响，因此材料去除过程相当稳定。此外，由于纳米氧化铈制备过程相对比较复杂，成本较高，而纳米氧化硅制备工艺已经非常成熟，在市场上价格也相对比较适中，因此后续研究都基于纳米氧化硅抛光液进行相关实验研究。

2.5 小结

本章对光学材料弹性域去除机理进行了研究分析，为后续研究的开展奠定了基础。结合理论、仿真和相关实验，主要从弹性域去除的两个基本过程入手进行理论层面的探讨，从抛光颗粒与光学材料两种基本物质角度开展实验研究。主要结论如下：

（1）玻璃材料表面在极性水分子作用下，在其表面形成一层 $Si(OH)_n$ 结构。一方面，表面羟基化会造成表面原子与次表层原子结合力的弱化，另一方面，表面羟基的形成是界面化学吸附发生的前提和动力。

（2）界面化学反应引起的电荷密度重新分布，致使光学元件表层原子与次表层原子的结合键能进一步弱化。粗糙不平表面凸点位置原子相对其他表面原子具有化学吸附能力强、与基体连接弱、去除速率较高的特点，加工表面趋于超光滑方向发展。

（3）对实现光学元件表层单个原子去除所需要外界流体提供的最小机械作用能的分析结果表明，外界提供的流体剪切力越大越容易实现材料去除，表层原子结合力弱化程度越强越容易实现材料去除。

（4）光学元件表面弹性接触条件是可控的。纳米压痕实验表明脆性光学材料存在明显的弹性变形区域，其变形程度的大小受抛光颗粒粒径的影响。基于 Hertz 接触理论，确定了抛光颗粒与光学元件表面的弹性接触条件。

（5）射流抛光中纳米抛光颗粒沿流线运动轨迹与光学元件表面发生弹性接触，加工前后抛光颗粒的光谱分析结果表明了加工过程中界面化学吸附反应的发生，证实了光学元件表层原子在弹性域范围内通过键能弱化实现去除的可行性。同时，纳米颗粒射流抛光可以有效去除定向磁流变抛光纹路、降低表面粗糙度，也论证了弹性域范围内超光滑表面加工的可实现性。

（6）基于不同纳米抛光颗粒材料去除特性的差异，从材料去除稳定性方面考虑，疏松多孔、具有欠氧结构的纳米氧化硅是基于弹性域去除超光滑表面加工的理想抛光颗粒。

第 3 章
弹性域流体动压超光滑加工装置设计

本章基于光学材料的弹性域去除机理,通过对比分析提出了一种结构简单、性能优良的流体动压超光滑表面加工方法。首先,基于润滑理论和流体动力学仿真对流体动压超光滑加工的特性进行简单介绍,分析不同加工参数条件下纳米抛光颗粒与光学元件表面的接触力,进而保证加工过程中抛光颗粒与光学元件表面在弹性接触范围内;然后,根据系统要求对流体动压超光滑加工的原型装置进行优化设计,其中重点对抛光头和高精度抛光轮等关键部件进行优化设计,并简要介绍加工装置的基本组成及主要性能指标;最后,对加工装置的相关性能进行测试,分析影响抛光轮旋转精度的主要因素和热膨胀效应对超光滑加工的影响,通过样件加工实验对流体动压超光滑加工系统的加工能力进行检验。

3.1 加工系统的提出

现代光学系统的发展对光学元件表面粗糙度提出了非常严格的要求。特别是极紫外光刻技术要求光学元件表面粗糙度达到亚纳米甚至原子级精度,同时,要求表面近乎无缺陷以及加工表面残余应力极低[5]。超光滑表面最明显的特征是表面粗糙度小、表面和亚表面损伤低。为了实现超光滑表面的加工,表面材料去除一般在原子级水平[113]。由第 2 章的材料去除机理分析可知:通过控制纳米抛光颗粒与光学元件表面的弹性域碰撞,利用界面化学吸附反应可以实现光学元件表面的原子级水平材料去除,有望获得超低损伤、原子级超光滑表面。

第 3 章
弹性域流体动压超光滑加工装置设计

3.1.1 现有弹性域超光滑加工方式的局限性

传统的超光滑表面加工方法利用纳米抛光颗粒配置的抛光液虽然可以在一定程度上利用界面化学吸附实现材料去除，从而获得粗糙度较低的加工表面，但在加工过程中，施加在柔性抛光盘（沥青、聚氨酯等柔性材料组成）上的载荷通过抛光颗粒直接传递到光学元件表面，如图 3.1 所示。

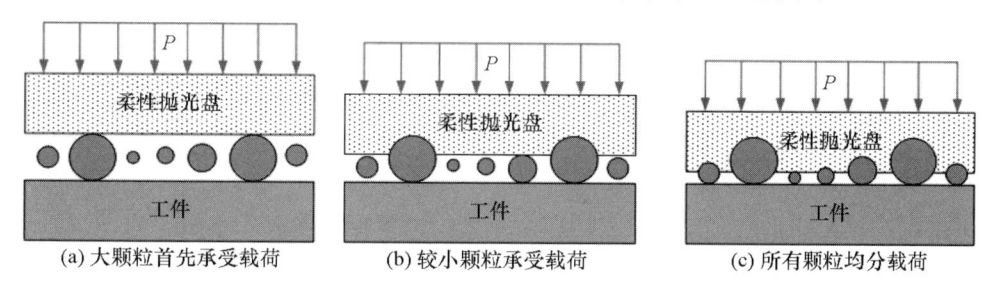

(a) 大颗粒首先承受载荷　　(b) 较小颗粒承受载荷　　(c) 所有颗粒均分载荷

图 3.1　传统加工过程中抛光颗粒与光学元件表面接触示意图

加工过程中，首先是抛光液中的大颗粒与抛光盘接触，然后是较小粒径的抛光颗粒。施加在柔性抛光盘上的载荷大部分通过较大粒径抛光颗粒传递到光学元件表面，大小抛光颗粒受力严重不均衡。大粒径抛光颗粒受到较大的正压力作用以较大深度压入光学元件表面，很容易使光学元件表面产生塑性变形，从而对加工表面造成不同程度的塑性划痕等缺陷，影响加工表面质量。

作为一种非接触加工方式，射流抛光中大小粒径抛光颗粒伴随流体具有相同的出射速度，在抛光过程中都能均匀参与对光学元件表面的加工。由 2.3 节分析可知，抛光液中的微米级抛光颗粒极易对光学元件造成塑性冲击，从而在表面留下塑性加工坑。在实际加工过程中，外界大粒径杂质颗粒一旦混入抛光液，极易对加工表面造成致命损伤，这对加工环境提出了非常高的要求。超光滑表面加工要求射流抛光具有非常稳定的材料去除速率。因此，喷射循环系统需提供稳定、小脉动的喷射压力。此外，由于纳米抛光液具有比较强的化学活性和腐蚀性，必须考虑如何避免其对喷射循环系统的影响。这都对喷射循环系统提出了很高的要求，导致其系统结构复杂。流体运动有紊流和层流之分，紊流的紊动强度会影响抛光颗粒的运动轨迹；紊动强度越大，抛光颗粒的运动越不规则，对加工表面的表面粗糙度造成的不利影响越严重[114]。因此，超光滑表面加工要求抛光液加工过程中为层流运动。层流和紊流的区分可以用雷诺数来表示：

$$Re = \frac{\rho v d}{\eta} \quad (3.1)$$

式中，ρ、v 分别为流体的密度和速度，η 为流体的动力黏度，d 为流体的特征长度。根据其定义一般认为，当 $Re < 2\,000$ 时，流体运动性质为层流运动；当 $Re \geqslant 2\,000$ 时，为紊流运动。实验中纳米氧化硅抛光液的密度大约为 $1\,300\ \text{kg/m}^3$，其动力黏度大约为 $1.5 \times 10^{-3}\ \text{Pa}\cdot\text{s}$。在纳米颗粒射流抛光过程中，喷嘴直径为 0.2 mm 或 0.5 mm，流体喷射速度一般在 30 m/s 左右，根据式（3.1）得到抛光时的 Re 值为 5 200 或 13 000，因此纳米抛光颗粒弹性域射流抛光属于紊流过程，不利于超光滑表面加工。

3.1.2　弹性域流体动压超光滑表面加工的原理

综上分析，利用传统抛光装置或射流抛光装置虽然可以在一定程度上实现光学元件的弹性域去除，获得较低粗糙度的超光滑表面，但由于系统结构的限制，很难将其应用于原子级无损伤超光滑表面的加工。因此必须寻找新的加工方法克服上述加工装置的不足。浮法抛光利用抛光盘和光学元件的相对运动产生的流体动压效应实现抛光工具和光学元件表面的分离，获得原子级超光滑表面，但是目前该方法只局限于平面类光学元件的加工。基于浮法抛光的加工特点，本文提出了一种流体动压超光滑表面加工方法，其加工原理如图 3.2 所示。抛光轮和光学元件都浸泡在含有纳米抛光颗粒的抛光液中。流体动压超光滑加工利用抛光轮高速旋转，在抛光轮与光学元件之间形成一层流体动压润滑薄膜，实现抛光工具与光学元件之间的非接触加工。纳米抛光颗粒在抛光轮的旋转作用下，伴随抛光液进入动压薄膜润滑区，与光学元件表面发生界面化学吸附作用。在动压作用下，由于纳米抛光颗粒冲击光学元件表面所产生的能量非常微弱，很容易实现纳米颗粒与光学元件表面的弹性域碰撞。在流体动压薄膜润滑区存在较大的流体剪切力，抛光颗粒在流体剪切力的作用下，克服表层原子结合键能，将光学元件表层原子拽离光学元件表面，实现光学元件表面的原子级去除。

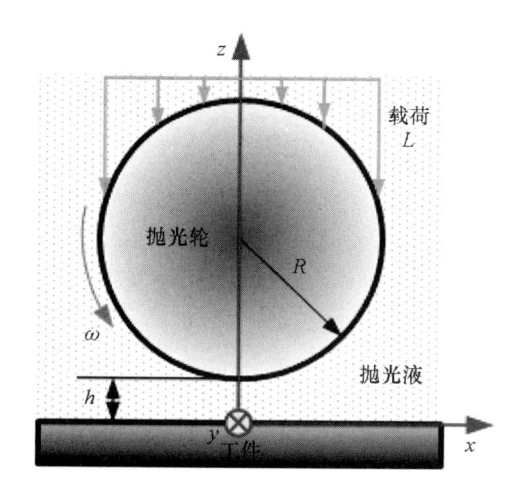

图 3.2 流体动压超光滑表面加工原理示意图

本文研究过程中抛光轮的直径为 80 mm，抛光轮旋转速度一般为 200～500 r/min，换算成表面线速度约为 0.8～2.1 m/s，抛光过程中加工间隙 d 一般为数微米或几十微米，现取 d 为 25 μm。根据雷诺数计算公式可得 Re 值为 17.3～45.5，远小于 2 000。作为一种非接触加工方法，流体动压超光滑加工属于非常稳定的层流运动过程。纳米抛光颗粒在流体动压作用下与光学元件表面发生微弱的弹性碰撞，在流体剪切力作用下实现与光学元件表面的分离，因此所有抛光颗粒都能比较均匀地参与光学元件表面的加工。抛光过程中流体动压和流体剪切力的分布主要受抛光轮旋转速度影响，只要保持抛光轮稳定的旋转速度，就可以获得非常稳定的材料去除量，因此不需要复杂的装置结构。综上分析，流体动压超光滑加工具有以下优点：

（1）流体动压超光滑表面加工中的流体运动属于稳定的层流运动，纳米抛光颗粒运动规则避免了紊流扰动的影响，利于实现对高精度的超光滑表面加工。

（2）流体抛光属于非接触加工过程，所有抛光颗粒都能比较均匀地参与光学元件表面的加工。此外，抛光过程中由于流体速度很低并且在加工区附近的流体运动方向基本与光学元件表面平行[115]，因此即使抛光液中存在较大颗粒，也很难对光学元件表面造成塑性破坏。这避免了外界杂质的不慎引入对加工表面质量造成严重影响，降低了对加工环境的要求。

（3）加工过程中只要保持稳定的抛光轮旋转速度就可以获得稳定的材料去除量，因此系统结构简单、易于实现。

3.2 加工模型的建立

流体动压超光滑加工的基本原理是：抛光轮以一定速度旋转，在抛光轮和光学元件之间产生一层动压润滑薄膜，从而使得光学元件表面的流体动压和剪切力分布随抛光轮转速和抛光间隙的变化而变化。

3.2.1 理论分析

根据流体动压润滑的特点，为便于对流体动压超光滑加工的实际情况进行分析，进行如下假设[63,116-117]：

（1）纳米抛光液可视为连续不可压缩的牛顿流体。
（2）加工区域沿动压薄膜厚度方向的压力是保持不变的，即在薄膜厚度方向压力的梯度为零。
（3）动压润滑过程中，相对于黏性力，惯性力和体积力可以忽略不计。
（4）在固体壁面上流体无滑移。
（5）流体为定常流动，加工过程中流体的密度、黏度等不随时间变化。

因此，根据雷诺方程，抛光区动压大小 P 与动压薄膜厚度 h、抛光轮转速 U 的关系可以表示为：

$$3h^2 \frac{\partial h}{\partial x}\frac{\partial P}{\partial x} + h^3 \frac{\partial^2 P}{\partial x^2} + 3h^2 \frac{\partial h}{\partial y}\frac{\partial P}{\partial y} + h^3 \frac{\partial^2 P}{\partial y^2} = 6\mu U \frac{\partial h}{\partial x} \quad (3.2)$$

动压薄膜厚度是流体动压超光滑加工的关键几何参数，加工过程中必须保证薄膜厚度大于抛光液中最大抛光颗粒粒径，以实现抛光工具与光学元件之间的非接触加工。根据动压润滑理论，薄膜厚度 h 可以用下式表示：

$$h = h_0 + s(x,y) + d(x,y) \quad (3.3)$$

式中，h_0 为不考虑抛光轮变形时的最小薄膜厚度，$s(x,y)$ 为受抛光形状影响而引起的抛光轮与光学元件之间的物理间距，$d(x,y)$ 为柔性抛光轮在动压作用下产生的弹性变形（大抛光间隙作用下该变形量可以忽略）组成。由于球形抛光轮对各种加工表面都有良好的适应性，因此本文研究中采用的是球形抛光轮，则 $s(x,y)$ 可以表示为：

$$s(x,y) = \frac{x^2}{2R} + \frac{y^2}{2R} \quad (3.4)$$

式中，R 为抛光轮的半径。根据 Hertz 弹性接触变形理论，$d(x,y)$ 可以表示为：

$$d(x,y) = \frac{2}{\pi E}\iint \frac{P(x',y')}{[(x'-x)^2+(y'-y)^2]^{(1/2)}}dxdy \tag{3.5}$$

根据牛顿内摩擦定律，动压区光学元件表面流体剪切力的表达式为：

$$\tau = \mu \frac{dV_z}{dz} \tag{3.6}$$

式中，μ 为动力黏度系数，dV_z/dz 为垂直于光学元件表面方向上的速度梯度。通过求解 $N-S$ 方程可以得到流体在不同运动方向的数值解。由于流体压力在薄膜厚度方向不随其高度变化而变化，同时根据动压润滑过程中的边界条件假设，可以得到不同方向速度随流体压力变化的表达式：

$$\frac{\partial P}{\partial x} = \mu \frac{\partial^2 V_x}{\partial z^2} \tag{3.7}$$

$$\frac{\partial P}{\partial y} = \mu \frac{\partial^2 V_y}{\partial z^2} \tag{3.8}$$

$$\frac{\partial P}{\partial z} = 0 \tag{3.9}$$

式中，V_x 和 V_y 分别为流体在 x 方向和 y 方向的速度。通过求解上述微分方程，可以得到：

$$V_x = -z\left(\frac{h-z}{2\mu}\right)\frac{\partial P}{\partial x} + U\frac{z}{h} \tag{3.10}$$

$$V_y = -z\left(\frac{h-z}{2\mu}\right)\frac{\partial p}{\partial y} \tag{3.11}$$

根据不可压缩流体的连续运动方程，可以到 x 和 y 方向的流体速度 V_x 和 V_y 与 z 方向的流体速度 V_z 存在以下关系式：

$$\frac{\partial V_z}{\partial z} = -\left(\frac{\partial V_x}{\partial x} + \frac{\partial V_y}{\partial y}\right) \tag{3.12}$$

将式（3.10）和（3.11）代入式（3.12）并进行相应的微积分可以得到：

$$V_z = \int_0^z \frac{\partial V_z}{\partial z}dz = \frac{z^2}{4\mu}\frac{\partial h}{\partial x}\frac{\partial p}{\partial x} + \frac{z^2}{2\mu}\left(\frac{h}{2} - \frac{z}{3}\right)\left(\frac{\partial^2 P}{\partial x^2} + \frac{\partial^2 P}{\partial y^2}\right) - U\frac{z^2}{2h^2}\frac{\partial h}{\partial x} \tag{3.13}$$

通过求解式（3.2）可以得到加工区域不同位置光学元件表面流体动压的分布，而求解式（3.6）可以得到加工过程中光学元件表面流体剪切力的分布。这对于分析流体动压超光滑加工过程中纳米抛光颗粒与光学元件表面的接触形式，以及确定加工过程中纳米抛光颗粒所受到的流体剪切力是否满足实现单个表面原子所需要的最小机械能都具有积极的指导意义。

3.2.2 模型研究

由于纳米抛光液在密度和黏度上都与纯水比较接近，为简化模型，以纯水代替抛光液进行仿真。仿真过程中，假定抛光液为不可压缩的理想流体，抛光轮表面定义为自由滑移壁面边界，容器上表面由于与大气相通定义为压力出口边界条件，其余表面定义为壁面，不考虑能量和重力的影响，流场计算采用 SIMPLEC 算法。仿真参数：设定抛光轮为直径 80 mm 的球形结构，旋转速度为 200 r/min，抛光轮与光学元件表面之间的间隙大小为 10 μm。仿真结果如图 3.3 所示。

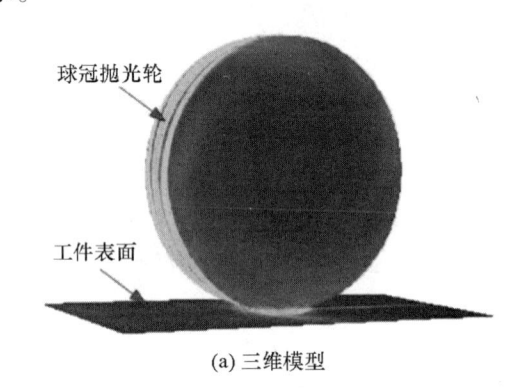

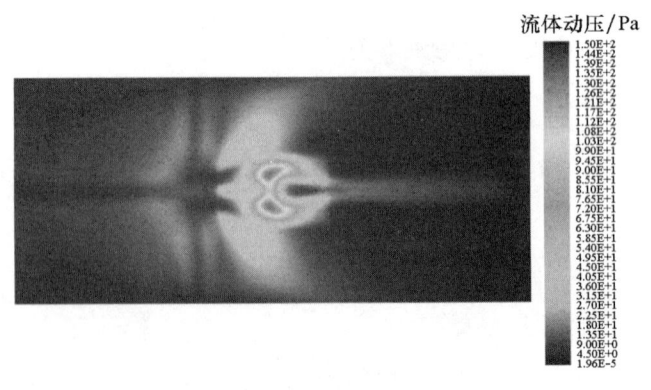

(a) 三维模型

(b) 光学元件表面流体动压分布

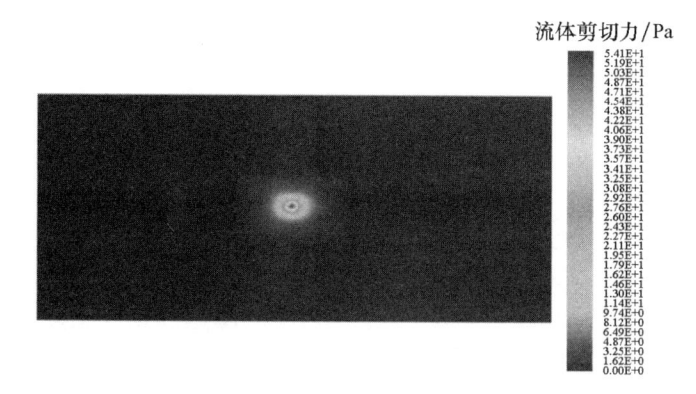

(c) 光学元件表面流体剪切力分布

图 3.3　流体动压超光滑加工的流体动力学仿真结果（见彩插）

从仿真结果可以看出，当抛光轮以一定速度旋转时，在光学元件表面与抛光轮靠近最低位置处存在明显的流体动压和剪切力分布。纳米抛光颗粒在流体动压作用下克服表面势垒作用，与光学元件表面发生界面化学吸附反应。

以单个纳米抛光颗粒为对象，分析在流体动压作用下与光学元件表面碰撞过程。假设抛光颗粒为球形，纳米颗粒与光学元件表面的接触模型如图 3.4 所示。由于在加工区域流体运动方向基本与光学元件表面的切向方向重合，纳米抛光颗粒在流体动压作用下压入光学元件表面，垂直光学元件表面的法向作用力可以表示为：

$$F_n = P_d S_{eff} \tag{3.14}$$

式中，P_d 为流体动压，S_{eff} 为流体动压作用的有效面积。根据 Kanaoka 等人[60]的研究，S_{eff} 近似为 $0.1\pi R^2$（R 为纳米抛光颗粒的半径）。因此上式可以简

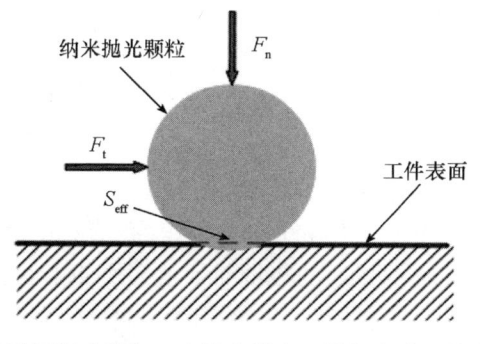

图 3.4　流体动压超光滑加工中纳米抛光颗粒与光学元件表面作用模型

化为：

$$F_n = 0.1 P_d \pi R^2 \tag{3.15}$$

因此实际加工过程中只要保证上述的法向载荷 F_n 小于 2.2 节中的弹性接触临界法向载荷 F_1，就可以实现光学元件表面的弹性域加工。式（3.15）与式（2.18）的比值 r 通过运算简化可以表示为：

$$r = \frac{8}{45} \cdot \frac{P_d E_w^2}{\pi^2 k^3 H_w^3} \tag{3.16}$$

由于加工过程中抛光轮的旋转速度不高，在光学元件表面形成的流体动压数值比较小。通过流体动力学仿真分析可知，加工过程中最大的流体动压不超过 3 000 Pa，因此将 P_d 设定为 3 000 Pa。取 k 为 0.4[97]，玻璃材料弹性模型 E_w 为 71.4 GPa，材料硬度 H_w 为 7.0 GPa[99]。将上述数值代入式（3.16），通过计算可得 r 为 1.3×10^{-5}，其数值远小于 1，说明流体动压加工过程无论粒径大小，抛光颗粒对光学元件表面的法向作用力都远小于弹性域范围内接触的临界法向载荷。因此，纳米抛光颗粒施加在光学元件表面的法向作用力非常小，不足以使光学元件表面发生塑性变形，而将碰撞过程限制在弹性域。实现光学元件表面材料去除必须满足单个原子脱离光学元件表面所需的最小流体剪切能量。流体动压超光滑加工在光学元件表面加工区域产生较大的流体剪切力分布，剪切力的大小与加工过程中的加工参数相关，因此只要选择合适的加工参数就能保证提供足够的剪切力，实现光学元件材料去除。

为获得高精度的超光滑表面，必须保证加工过程中材料去除具备长期稳定性。通过流体动压润滑理论分析可知：流体动压超光滑加工材料去除主要受流体性质、抛光轮形状、抛光轮转速和抛光间隙的影响。因此，流体动压超光滑加工系统不同功能模块应满足以下基本要求：

（1）系统温度控制模块。虽然纳米抛光液在常温下具有很好的稳定性，但化学反应活性受温度影响比较大，并且受热胀冷缩的影响，很容易导致加工工艺参数的变化，因此要求温度控制模块能将加工系统的温度控制在较小波动范围内。

（2）流体动压超光滑加工抛光头模块。控制抛光轮的转速输出，保证抛光轮具有很高的形状精度和旋转精度的同时具有稳定的速度输出。要求动力输入装置和高精度旋转轴承带来的热量对整个模块的温度变化影响很小。

（3）多轴运动平台模块。控制抛光轮的位置与姿态，保证加工过程中抛光轮与光学元件表面之间的抛光间隙。

3.3 加工系统的关键机构设计

本节简要介绍流体动压超光滑加工系统的组成及主要性能指标。根据流体动压超光滑加工特点，重点对流体动压超光滑加工的抛光头和高精度抛光轮等关键部件进行优化设计。

3.3.1 流体动压超光滑加工系统的组成

流体动压超光滑加工系统采用模块化设计，主要由多轴运动平台、数控系统和动压抛光头组成。图 3.5 为抛光系统的装置实物图。高精度动压抛光头安装在高精度多轴数控运动系统上。加工光学元件装夹固定在多轴运动系统的 C 轴转台的容器箱内。通过数控系统对多轴运动系统进行高精度运动控制，抛光头可以沿着不同加工路径完成对不同表面类型光学元件的加工。为

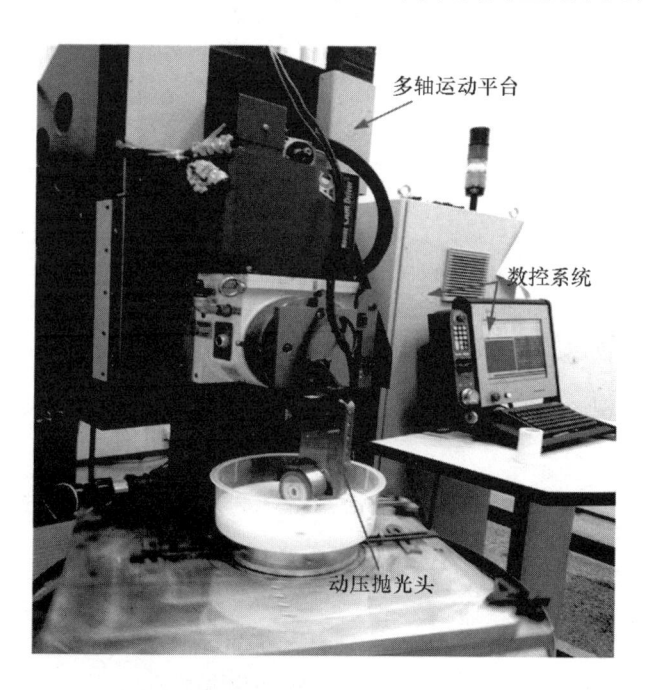

图 3.5 流体动压超光滑加工系统装置实物图

脆性光学元件弹性域超光滑表面加工技术

了保证加工过程中系统环境温度的稳定，整个抛光系统处于恒温洁净间中，避免纳米抛光液和整个加工装置由于温度变化导致加工过程的不稳定。

3.3.2 多轴运动平台

流体动压超光滑加工过程中，为获得最优材料去除速率，始终保持抛光轮表面的最低点与光学元件表面的法向重合。为了实现对不同类型光学表面的加工，多轴运动平台采用的是五轴数控联动的龙门式框架结构。图 3.6 为流体动压超光滑加工系统的多轴运动平台的拓扑运动关系简图。多轴运动系统由 $X/Y/Z$ 三线性移动平台和 A/C 双转动平台组成。高精度旋转抛光轮通过抛光头安装的 A 轴转动平台，可以对抛光轮的相对姿态进行调整；A 轴转动平台固定在 Z 向工作台上，通过对 Z 轴的高精度进给控制可以实现抛光轮与光学元件表面之间不同微小间隙的调节。Z 轴工作台安装在 Y 轴横梁上。光

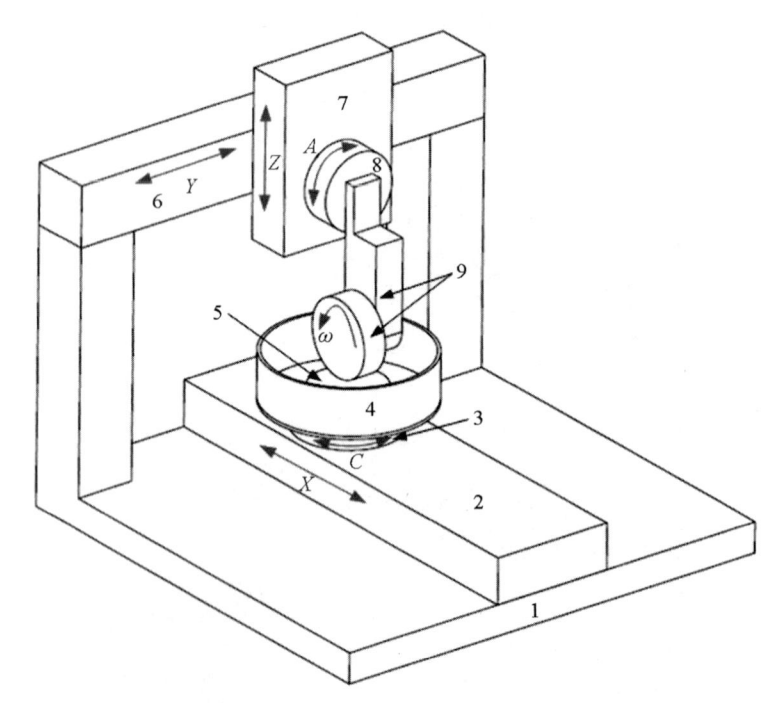

1—机床本体；2—X 轴；3—C 轴；4—容器箱；5—光学元件；6—Y 轴；
7—Z 轴；8—A 轴；9—动压抛光头。

图 3.6 多轴运动平台结构简图

学元件通过 C 轴平台固定在抛光轮的正下方,加工表面朝上。C 轴平台安装在 X 轴运动平台上。容器箱中的抛光液将光学元件和抛光轮都浸泡在其中。这种结构的优点是：

（1）光学元件的装夹比较方便,易于对光学元件位置姿态进行调整；

（2）抛光液的添加和更换都比较便捷；

（3）通过 $X-Y$ 线性光栅或 $\rho-\theta$ 极轴螺旋扫描方式,可以实现平面、球面以及非球面等不同类型表面的加工。

多轴运动系统中,X、Y 和 Z 三平动轴采用高分辨率光栅尺进行位置反馈控制,旋转轴 A 和 C 采用高分辨率交流伺服转台。通过对 X、Y、Z、A 和 C 五轴数控联动的高精度运动控制,平台各个直线轴和旋转轴的重复运动精度分别控制在 ±3 μm 和 ±20″。采用不同的运动路径可以实现对不同口径不同类型表面的超光滑表面加工。

3.3.3　流体动压超光滑加工的抛光头优化设计

流体动压超光滑加工抛光头的主要作用是实现抛光轮的高精度旋转,为加工过程中流体动压的稳定形成提供保障。因此动压抛光头的设计要求为：

（1）抛光轮具有较高的形状精度和粗糙度较低的光滑表面；

（2）抛光轮旋转轴具有较高的径向和轴向精度；

（3）抛光轮转速可以调节,具备对转速进行实时控制反馈的功能；

（4）抛光头装置具有一定的防水功能,防止由于抛光液渗入旋转轴系统从而对转动精度造成影响；

（5）避免抛光头的温升热膨胀效应导致抛光轮与光学元件之间间隙的变化；

（6）高精度抛光轮具有优良的耐磨性和一定的弹性,同时便于更换。

流体动压超光滑加工头抛光头模块包括抛光头座、抛光轮、旋转轴、轴承、同步带轮、同步带、电机等。为了保证旋转轴的运动精度,轴承选用高精度等级的角接触,采用背靠背的方式进行安装。抛光轮安装在抛光头座侧面的旋转轴顶端,这样便于对抛光轮进行更换。

基于上述设计原理,对流体动压超光滑加工头的系统结构进行了优化设计。流体动压超光滑加工头三维结构设计和实物分别如图 3.7（a）和 3.7（b）所示。

(a) 三维结构设计　　(b) 实物图

图 3.7　流体动压超光滑加工抛光头三维结构与实物照片

1. 电机选型

加工过程中，抛光轮的转动主要受流体黏滞阻力的影响，因此为了实现抛光轮的平稳转动，必须选择合适的驱动电机提供足够的扭矩。为了实现电机输出速度的有效传递，旋转轴与电机之间通过同步带轮进行连接。根据流体动压的相关假设，由牛顿内摩擦定律可以得到当抛光轮以角速度 ω 旋转时需要克服的最大切向阻力，其可以表示为：

$$F_{\max} = \mu A \frac{\omega R}{h_{\min}} \tag{3.17}$$

式中，A 为液膜厚度的有效横截面积。抛光轮以角速度 ω 旋转时需要外界提供的最小扭矩为：

$$T_1 = F_{\max} \cdot R \tag{3.18}$$

抛光轮转速调整时必须具备快速响应能力，因此必须选择合适的角加速度。为实现角加速度 a，所需电机提供的扭矩为：

$$T_2 = (J_1 + J_2 + J_3 + J_4) \cdot a \tag{3.19}$$

式中，J_1、J_2、J_3、J_4 分别为动力传统系统中抛光轮、旋转轴、轴承以及同步带的转动惯量。假定同步带的传动比为 n，则需要驱动电机输出的扭矩为：

$$T' = \frac{1}{n}(T_1 + T_2 + T_3) \tag{3.20}$$

式中，T_3 为克服安装轴承预紧力所产生的扭矩。假设电机扭矩的输出效率为

η,则选择电机的额定输出扭矩 T 为:

$$T = \frac{2T'}{\eta} \tag{3.21}$$

驱动电机的功率应满足:

$$P \geq T \cdot \omega \tag{3.22}$$

根据流体动压加工抛光的具体实际情况,结合上述分析,选择额定输出扭矩为 0.637 Nm、最大输出扭矩为 2.23 Nm、额定功率为 200 W、角加速度为 24 600 rad/s² 的交流伺服控制电机。该交流伺服电机配备有 20 位高分辨率的串行编码器,可以通过伺服驱动器对电机的输出转速进行准确控制。

2. 高精度抛光轮结构设计

抛光轮作为流体动压超光滑加工装置的关键部件,在具有高精度形状的同时还必须具有优异的耐磨性和一定弹性变形能力。流体动压超光滑加工的高精度轮外形轮廓可以是圆柱形或球形。圆柱形抛光轮加工过程中与表面的接触类型为线接触,而球形抛光轮为光学元件表面的接触为点接触。圆柱形抛光轮只适用于平面类光学表面的加工。因此为了增强系统对不同类型表面的加工适应能力,实验选用球形抛光轮。球形抛光轮结构如图 3.8(a)所示。

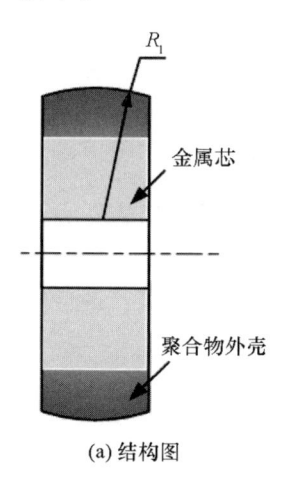

(a) 结构图 (b) 实物图

图 3.8 球形抛光轮结构及实物图

抛光轮由具有一定弹性变形和耐磨性良好的聚合物外壳和金属芯组成。这样设计的优点是,抛光轮通过金属芯固定在高精度旋转轴上,避免了安装过程中装夹力作用对抛光轮轮廓形状精度造成的影响。依据聚合物材料的不同属性，采用超精密单点金刚石车削加工技术和超精密模制工艺，分别制作了如图 3.8（b）所示不同类型的抛光轮。

采用 Zeiss 三坐标测量仪（测量标定误差为 1.9 μm）对抛光轮中心位置附近的不同截面进行圆度以及截面圆与中心定位孔的同心度测量，其测量结果如表 3.1 所示。抛光轮横截面圆度的低误差是保证抛光轮高旋转精度的前提。从表中可以看出，抛光轮不同位置横截面的圆度均小于 1.9 μm，已经达到三坐标测量仪测量精度的极限，说明抛光轮在不同位置都具有极低的形状误差。安装过程中，抛光轮的中心定位孔与旋转轴的配合采用小间隙配合，这样可以对抛光轮表面与中心孔的同心度误差进行小范围调节，从而保证抛光轮能获得较高的转动精度。

表 3.1 抛光轮形状误差测量结果

单位：mm

测量横截面圆尺寸	圆度	与中心孔的同心度
79.347 2	0.001 7	0.005 8
79.482 7	0.001 7	0.005 6
79.416 4	0.001 8	0.005 5

3.4　加工装置的性能测试

抛光轮的高精度转动输出是流体动压超光滑加工获得原子级超光滑表面的前提，同时，保持抛光间隙稳定是获取稳定材料去除速率的重要保证。本节首先对系统抛光轮的旋转精度和抛光头的温度稳定性进行了测试，最后通过具体实验对装置优异的加工能力进行了验证。

3.4.1　抛光轮旋转精度测试

抛光轮在加工过程会产生制造误差，安装过程中会产生装配误差，旋转轴的运动精度也会对抛光轮的旋转精度造成影响。因此抛光轮最终的旋转精度受制造误差、装配误差和旋转轴精度的共同影响。

为避免接触测量中探针对抛光轮表面造成划伤，实验采用 Keyence 公司的

第 3 章
弹性域流体动压超光滑加工装置设计

LK - G10 激光位移传感器对抛光轮的旋转精度进行了非接触测量。LK - G10 激光位移传感器量程为 ±1 mm，检测分辨率为 10 nm，测量精度为 0.3 μm，满足测量精度要求。现场实验检测照片如图 3.9 所示。测试过程中，采样频率设定为 1 000 Hz。

(a) 径向跳动测试　　　　(b) 轴向跳动测试

图 3.9　抛光轮旋转精度现场检测照片

图 3.10 和图 3.11 分别是抛光轮在不同转速下的径向旋转精度和轴向端面精度测试结果。从图中 3.11 可以看出在转速为 200 r/min 时，径向跳动为 ±0.5 μm；当转速提升至 400 r/min 时，径向跳动增加到 ±0.8 μm。与径向跳动相似，轴向跳动随着转速的增加而增加。当转速由 200 r/min 提升至 400 r/min 时，轴向跳动由 ±0.6 μm 增加到 ±1.0 μm。从图中可以看出无论是径向跳动还是轴向跳动，都具有明显的周期性，波动周期与抛光轮周期基本一致。这主要是安装过程中抛光轮的旋转中心与旋转轴的轴线存在一定偏心距和夹角误差引起的。转速的增加会导致抛光轮在离心力作用下振动加剧。为了避免光学元件与抛光轮之间的碰撞，实验过程中抛光轮与光学元件表面之间的间隙一般不小于 10 μm。因此在实际加工过程可以实现光学元件表面的非接触加工。抛光轮转速过高会导致抛光轮的旋转精度下降，具体实验选用的抛光轮转速小于 450 r/min。

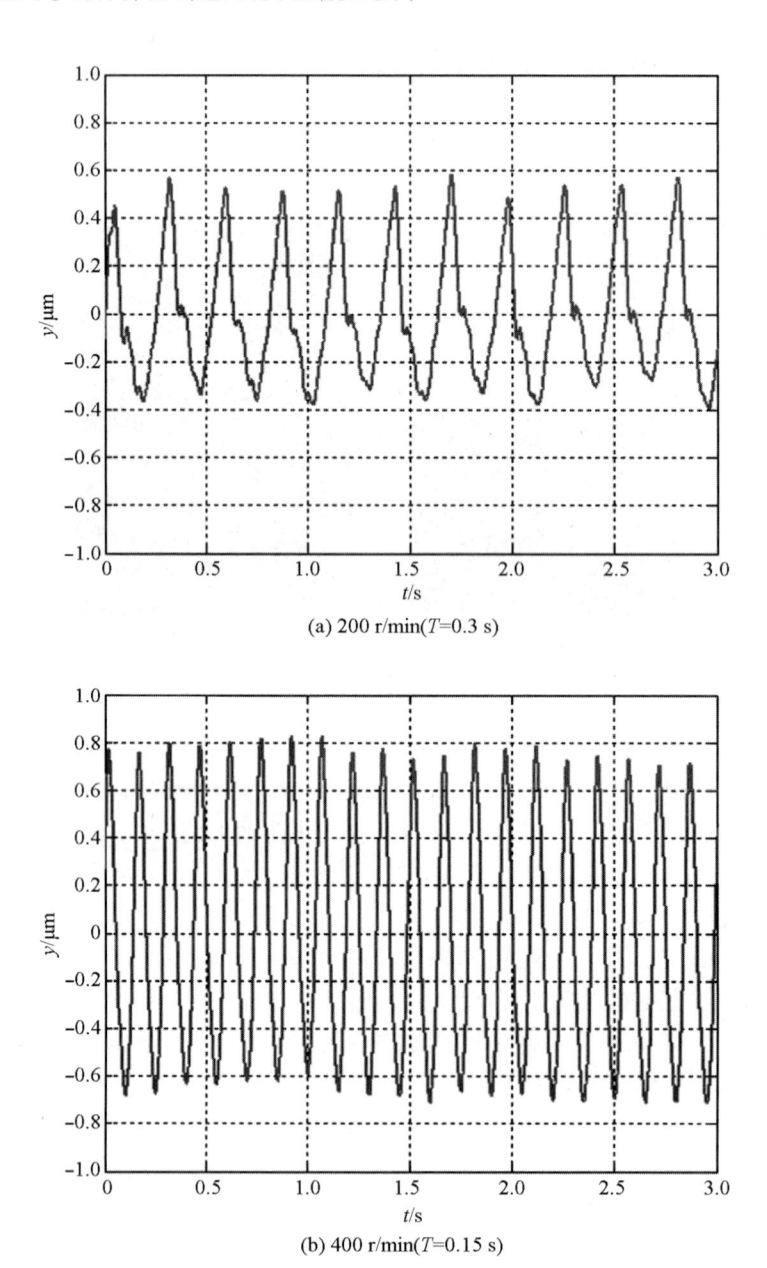

脆性光学元件弹性域超光滑表面加工技术

(a) 200 r/min(T=0.3 s)

(b) 400 r/min(T=0.15 s)

图3.10 抛光轮在不同转速条件下的径向跳动

(a) 200 r/min(*T*=0.3 s)

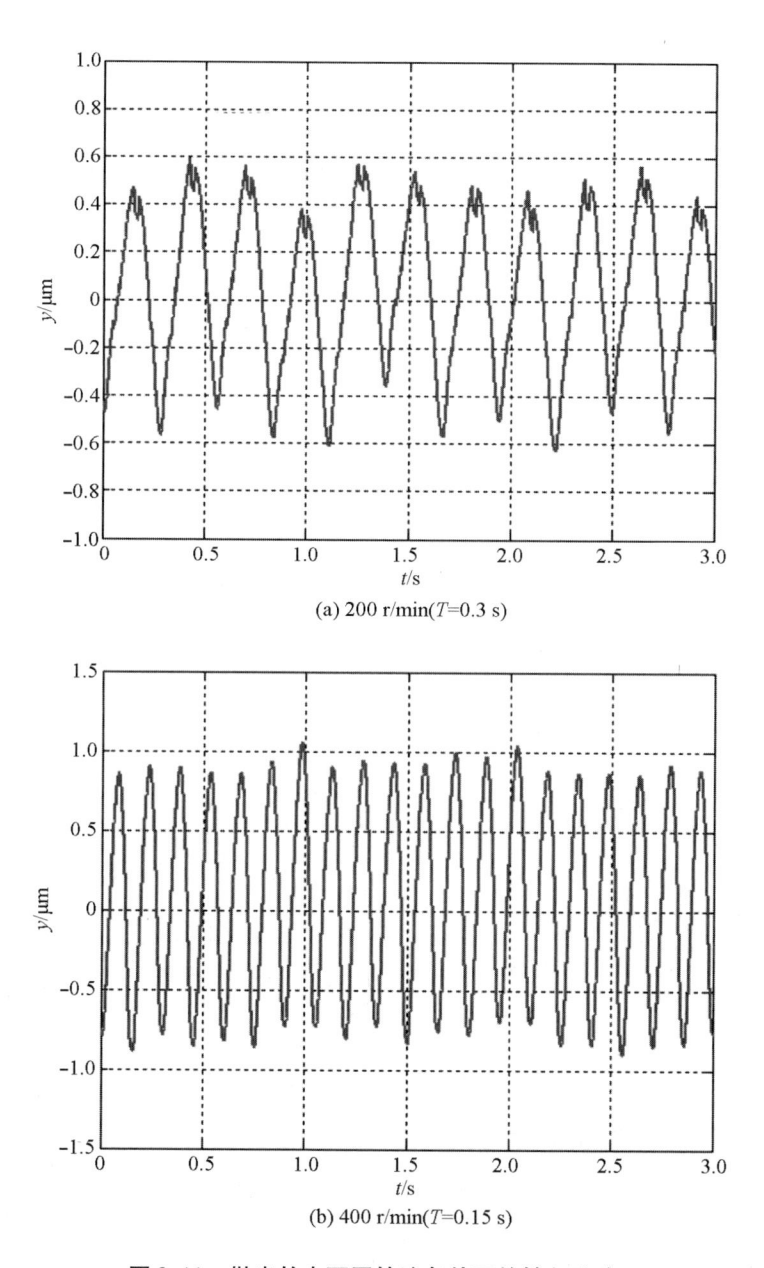

(b) 400 r/min(*T*=0.15 s)

图 3.11　抛光轮在不同转速条件下的轴向跳动

3.4.2 抛光头温度稳定性测试

抛光过程中，光学元件与抛光轮之间的间隙是在不考虑抛光头的热膨胀效应作用下，通过高精度进给 Z 轴进行控制的。抛光头座是由不锈钢材料加工而成的长臂结构。温度的变化会对长臂结构的长度造成影响，从而导致的抛光间隙变化是不可忽略的。抛光头上端的驱动电机和下端的轴承高速转动产生的热量都会直接传递到抛光头座上，导致其温度升高、长度伸长，致使抛光间隙减小。抛光头座的热致伸长量 ΔL 可以表示为：

$$\Delta L = \alpha \cdot L \cdot \Delta t \tag{3.23}$$

式中，α 为线性膨胀系数，L 为抛光头座的有效长度，Δt 为平均温升。实际设计抛光头座的有效长度为 156 mm。本文中抛光头座使用的材料是机械性能优良的镍铬不锈钢，其在常温下的线性膨胀系数为 14.5×10^{-6} ℃[118]。在洁净间中将温控设备打开，使系统环境温度稳定在 25 ℃，抛光轮转速设定为 400 r/min，然后利用红外测温仪每隔一段时间分别对抛光头上端和下端进行温度测试。测试结果如图 3.12 所示。

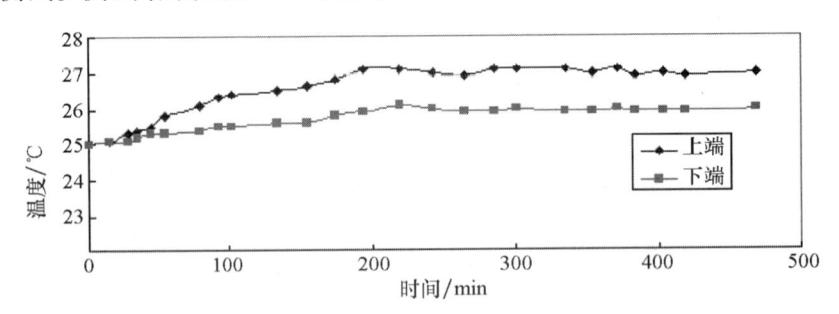

图 3.12 抛光头温度随时间变化关系

流体动压超光滑加工属于非接触加工，实现抛光轮稳定旋转所需要提供的功率相当小，因此空载状态与实际加工过程状态可以认为是基本一致的。从图中可以看出，抛光头上端受驱动电机热量扩散的影响，在 8 h 内温度升高了将近 2 ℃；由于轴承转动产生的热量小，下端温度在测量时间范围内温升不超过 1 ℃。因此可以推测抛光头座的平均温升为 1.5 ℃。根据式（3.23）可以计算得到抛光头受温度变化影响导致的伸长量为 3.4 μm，相应的抛光间隙将减少相当的热伸长量。这说明加工过程中的抛光头热胀效应会对抛光间隙造成严重影响。从图 3.12 中可以看出，抛光头温升变化主要集中在初始运动过程的前 4 h,当与系统环境温度达到热传递平衡后,抛光头温度基本保持稳定。因此在加工前可以提前通过试运行预热的方式有效避免温升变化对抛光间隙的影响。由于实际加工过程中抛光间隙一般不小于 10 μm,因此在抛光头的温度变化范围内仍可以实现抛光轮对光学元件表面的非接触加工。

3.4.3 加工能力测试

为验证流体动压超光滑加工装置的加工能力,实验选择了一块预先经过传统沥青盘抛光的平面石英玻璃作为加工样件。实验加工工艺参数为:抛光轮转速为 210 r/min,抛光间隙为 20 μm,$X \times Y$ 光栅均匀扫描路径,扫描行距为 10 μm,去除深度约为 150 nm。

图 3.13 是采用 ZYGO 公司的三维形貌轮廓仪 New View 700,50X 物镜下的中频表面粗糙度的测试结果。加工前表面存在明显凹凸不平的结构,表面粗糙度的 PV 值为 10.020 nm,RMS 值为 0.780 nm。流体动压超光滑加工后表面平滑无损伤,中频表面粗糙度的 PV 值减少至 6.758 nm,RMS 值减少至 0.275 nm。

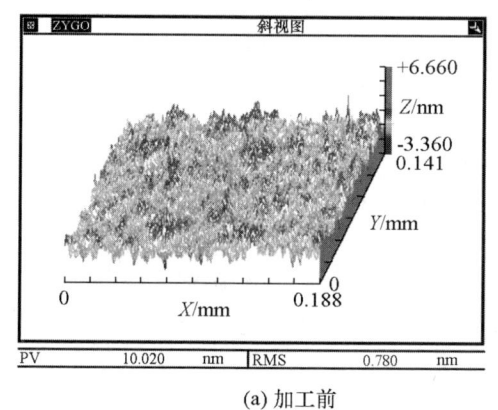

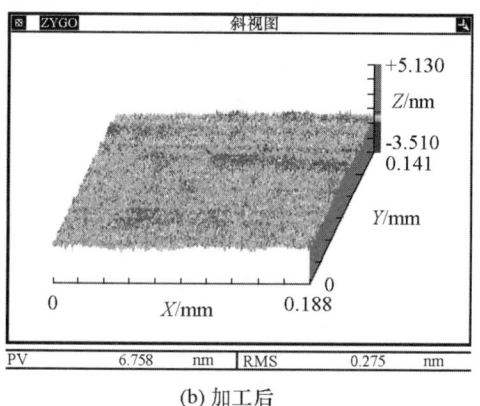

(a) 加工前   (b) 加工后

图 3.13 流体动压超光滑加工前后表面的 New View 700 测试结果(见彩插)

受横向分辨率的限制,三维形貌轮廓仪对表面高频部分的微细结构无法进行观测。利用 Bruker 公司生产的 Dimensional Icon 原子力显微镜对加工前后样件表面微细结构变化进行观测。扫描测试区域的尺寸为 10 μm × 10 μm,测试区域的分辨率为 512 × 512 像素,探针扫描频率为 1 Hz。测试结果分别如图 3.14 所示。

脆性光学元件弹性域超光滑表面加工技术

(a) 加工前

(b) 加工后

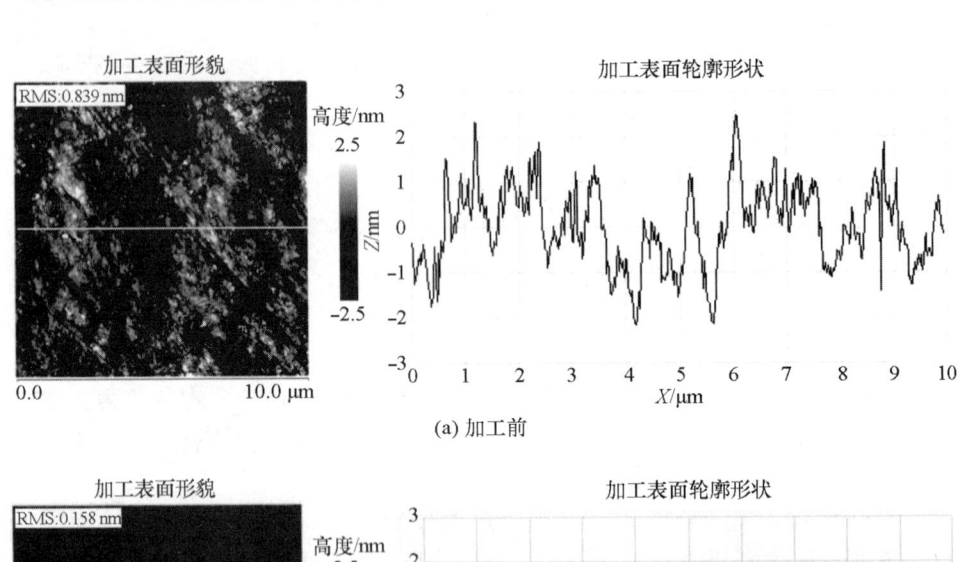

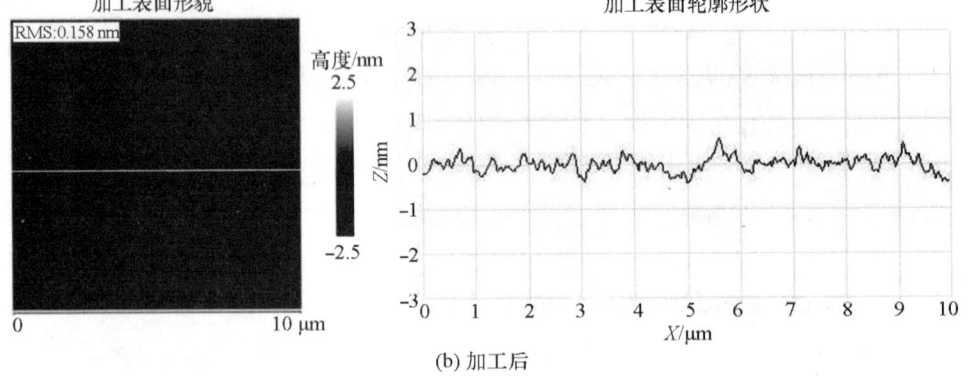

图 3.14 流体动压超光滑加工前后表面原子力显微镜测试结果

从图 3.14 可以看出，表面粗糙度的 RMS 值由加工前的 0.839 nm 减少至 0.158 nm；经过沥青盘抛光后的表面存在明显的塑性划痕，表面结构凹凸不平；经过流体动压超光滑加工后的表面塑性划痕和凹凸不平结构完全被去除，表面变得非常光滑；横截面轮廓显示，加工后表面上所有的凸点基本处于同一高度水平。加工后表面存在一定的抛光纹路，可能是由于抛光轮表面制造过程中的单点金刚石车削加的车削纹路在一定程度通过流体动压作用复印到了加工光学元件表面，这个将在后续章节进行详细分析。

实验中所使用纳米抛光颗粒的平均粒径为 20 nm，根据仿真分析可知[119]，光学元件表面的最大流体动压为 152 Pa。根据式（3.15）可得，加工过程纳米抛光颗粒在流体动压作用下对光学元件表面的最大法向作用力为 1.9×10^{-15} N。纳米压痕测试中发现，石英玻璃的硬度和弹性模量分别为 6.4 GPa

和 71.4 GPa。由式（2.18）可知，实验过程中纳米氧化硅抛光颗粒对石英玻璃表面的最大法向力载荷为 2.3×10^{-8} N。对比可知，实际加工过程中抛光颗粒对光学元件表面的法向作用力远小于最大弹性变形临界接触载荷。因此，加工过程中光学元件表面材料去除是通过弹性域化学辅助作用实现的。经流体动压超光滑加工后，表面质量明显提升，表面粗糙度达到埃米级水平。

3.5　小结

本章针对现有加工方式在弹性域范围内实现超光滑加工存在的问题，提出了一种弹性域流体动压超光滑加工方法。基于动压润滑理论对流体动压超光滑加工原型装置进行了设计，对装置的主要性能指标进行了测试分析，并通过具体样件对加工实验装置的加工能力进行了验证。装置的成功研制为后续研究的开展提供了提供了硬件保证。主要研究结论如下：

（1）弹性域流体动压超光滑加工利用流体动压润滑薄膜实现抛光工具与光学元件之间的非接触加工。在流体动压作用下，无论粒径大小，抛光颗粒与光学元件表面的接触都限制在弹性域范围内。在剪切力作用下，纳米抛光颗粒通过界面化学吸附反应实现光学元件表面的材料去除。只要保证恒定的抛光轮转速和抛光间隙，就可以实现稳定的材料去除。系统结构简单易于实现。

（2）分析了流体动压超光滑加工系统设计的基本要求，并以此搭建了流体动压超光滑加工的原型装置，根据加工要求和抛光头的结构特点确定了五轴运动平台（三线性运动和双转动）以及相应的性能要求。为实现稳定、高精度的转速输出，对抛光头进行了优化设计。提出了由聚合物外圈与金属芯组成的抛光轮结构构成以及完成其加工的制作工艺。

（3）抛光轮运动精度的测试分析表明，抛光轮的旋转精度随转速的增加而变大，在转速低于 450 r/min 时，径向跳动为 ± 0.8 μm，轴向跳动为 ± 1.0 μm。通过对抛光头的热膨胀效应进行分析，发现抛光头在 4 h 内达到热传递平衡，为避免抛光轮与光学元件表面的直接接触，抛光间隙应不小于 10 μm。

（4）装置的加工能力是评价加工系统好与差的根本。测试实验表明，加工表面光滑无损伤，中频表面粗糙度 RMS 由 0.780 nm 减少至 0.275 nm，高频表面粗糙度 RMS 由 0.839 nm 减少至 0.158 nm，证实了加工装置优异的超光滑加工能力。

第4章
流体动压超光滑加工的特性研究

流体动压超光滑表面加工过程中,材料的去除特性将直接影响表面微观形貌的形成,材料去除模型的建立对其材料去除机理的深入了解以及后续关键工艺参数的优化都提供了积极的指导作用。表面质量的性能评价是对其加工特性最有力的证明。为此,本章以弹性域去除机理为基础,对流体动压超光滑加工过程中光学元件表面的流体动压和剪切力分布进行动力学仿真分析,并结合具体实验结果建立流体动压超光滑加工的三维材料去除模型。根据材料去除特点,对加工过程中表面形貌演变规律进行研究,分析表面结构特点对超光滑表面加工能力的影响和表面粗糙度随去除深度变化的影响规律。超光滑表面对表面和亚表面质量都提出了很高的要求,本章采用不同的测试方法对加工表面的不同性能进行评价,以分析流体动压超光滑表面的加工能力。

4.1 材料去除模型

本节从材料弹性域去除机理出发,结合流体动压超光滑加工的特点,通过流体动压力学仿真和实验建模分析建立了其三维材料去除模型,为流体动压超光滑加工的进一步研究和应用奠定了基础。

4.1.1 材料去除理论分析

由第2章分析可知,光学材料弹性域去除主要依靠抛光颗粒与光学元件表面的界面化学吸附实现。根据化学动力学、机械接触力学、分子或原子间结合键能及随机概率理论,Zhao等人[94]基于化学键能弱化提出单个抛光颗粒对光学元件表面材料的体积去除效率：

$$V = \frac{\pi d_m u d A_t}{6[(1/\beta)+(1/\gamma)-1]}\left(\frac{6\chi}{\pi d_p 3}\right)^{2/3} \quad (4.1)$$

式中，d_m 为光学元件的原子直径，u 为抛光颗粒相对光学元件表面的线速度，d 为抛光颗粒与光学元件表面接触区域直径，d_p 为抛光颗粒直径，A_t 为抛光颗粒与光学元件表面的接触面积，χ 为抛光颗粒的体积浓度，β 为在抛光颗粒和光学元件表面碰撞过程中接触区域的光学元件表面原子发生化学反应实现键能弱化的概率，γ 为单个抛光颗粒与光学元件表面原子发生化学反应并实现原子材料去除的概率。由式（4.1）可知，如果抛光颗粒不与光学元件表面发生化学反应，即 $\beta=0$，或者外界提供的机械活化能不足以克服光学元件表面原子的化学键结合能，即 $\gamma=0$，抛光过程中光学元件表面材料去除将不会发生，即 $V=0$。当 $\beta=\gamma=1$ 时，为抛光过程中最理想的加工状态，材料去除量将达到最大，也就是抛光颗粒与光学元件表面接触区域的所有原子都发生了化学吸附反应，同时，发生反应的表面原子在加工过程中全部从光学元件基体材料中分离出来了。由上式可知，可以通过提高纳米抛光颗粒运动速度、增加抛光液的浓度以及增大抛光颗粒与光学元件表面的接触面积，来实现弹性域内较高的材料去除速率。提高抛光颗粒在光学元件表面的运动速度可以增加抛光颗粒与光学元件表面的碰撞频率，使其与光学元件表面发生界面化学反应的频率增加；抛光颗粒速度的增加使其具有更大的机械能，更容易将光学元件表层原子拽离出来。因此，提高抛光颗粒的运动速度可以明显提升材料去除率。抛光液质量分数的增加意味着体积浓度的增加，在相同的抛光工艺条件下，抛光颗粒与光学元件表面碰撞的次数将明显增加，材料去除量也将相应增加。增大抛光颗粒与光学元件表面的接触面积，可以增加光学元件表面与抛光颗粒发生化学反应原子的数量，实现一次碰撞过程中单个抛光颗粒更大的材料去除量。

流体动压超光滑加工过程中，抛光颗粒随流体运动在流体润滑区实现与光学元件表面的碰撞和分离。纳米抛光颗粒在流体动压作用下，与光学元件表面在弹性域范围内产生界面化学吸附反应；在流体剪切力作用下，实现纳米抛光颗粒与光学元件表面分离从而拽离光学元件表层原子。一般认为，在抛光区域流体动压越大，纳米抛光颗粒与光学元件表面碰撞的强度越高，相互作用越明显，导致接触面积越大。在流体动压润滑区存在较大的流体剪切力，抛光颗粒在流体剪切力作用下，克服表层原子结合键能，将光学元件表层原子拽离光学元件表面，实现光学元件表面的原子级去除。假设光学元件

表面有 N 个原子与单个纳米抛光颗粒发生界面化学键合作用，则实际加工过程中单个抛光颗粒碰撞过程中去除的光学元件原子数为：

$$N_r = N\gamma \tag{4.2}$$

定义光学元件表层原子与次表层原子的平均结合键能为 ε，则实现表层原子去除所需要的流体剪切力应满足[120]：

$$\tau \geqslant \frac{2N\gamma\varepsilon d_m}{d_p^2} \tag{4.3}$$

在相同流体动压力作用下，抛光颗粒粒径越大，与光学元件表面接触的面积也越大，因此与抛光颗粒发生界面化学吸附作用的原子数量也就越多。假设与光学元件发生化学键合作用的原子数与抛光颗粒和光学元件表面发生接触的面积成正比，即：

$$N \propto \frac{\pi}{4} d_p^2 \tag{4.4}$$

上式说明，抛光颗粒粒径越大，与光学元件表面发生化学键合作用的原子数量越多，同时需要提供的剪切力也越大。将式（4.4）代入式（4.3）可得：

$$\tau \geqslant \frac{\pi}{2}\gamma\varepsilon d_m \tag{4.5}$$

上式表明，为了实现光学元件表层的原子级去除，施加到抛光颗粒的最小流体剪切力大小与抛光颗粒粒径无关，所需的最小流体剪切力主要由表层原子的平均结合键能决定。因此，只有流体剪切力足够克服光学元件表层原子的结合键能时才能实现材料去除。对于特定的光学元件材料，要实现材料去除，最小流体剪切力必须满足：

$$\tau_{\min} \geqslant C\varepsilon \tag{4.6}$$

式中，C 为与加工环境和光学元件材料属性相关的常数。流体剪切力越大，单个抛光颗粒更容易实现将光学元件表层原子从光学元件表面拽离。Wang 等人[121]认为材料去除速率与流体剪切力的关系可以通过下列表达式表示：

$$M_R = \begin{cases} C\tau + e & \tau > \tau_{\min} \\ 0 & \tau \leqslant \tau_{\min} \end{cases} \tag{4.7}$$

流体动压超光滑加工过程中，纳米抛光颗粒在流体动压作用下克服光学元件表面势垒发生界面化学反应。动压作用越强，光学元件表面与抛光颗粒的接触面积越大，发生界面吸附反应的原子数量越多。上述模型虽然考虑了流体剪切力对材料去除速率的影响，但并未体现流体动压作用的影响，因此必须对上述材料去除模型进行修正。

4.1.2 流体动力学仿真分析

　　流体动压超光滑加工中，纳米抛光颗粒与光学元件表面的接触和分离都是伴随流体在光学元件表面上的运动实现的。流体的运动过程受抛光轮转速、抛光间隙以及流体性质的影响。本节利用有限体积法对不同抛光间隙条件下的光学元件表面的流体动压和剪切力分布进行仿真分析。由于流体动压超光滑加工属于小雷诺数层流过程，因此仿真过程采用标准的层流模型。为了简化计算仿真过程，假设流体为牛顿流体。由于纳米抛光液在密度和黏度上都与纯水比较接近，为简化模型，以纯水代替抛光液。仿真过程中不考虑抛光轮变形对抛光间隙的影响，假定抛光液为不可压缩的流体，抛光轮表面定义为自由滑移壁面边界，抛光液容器上表面与大气接触，定义压力出口边界条件，其余表面定义为壁面，不考虑能量和重力的影响，流场计算采用SIMPLEC算法。SIMPLEC算法的基本思想是：由初始化的压力场求解离散形式的动量方程得到速度场，再根据求解的速度场对压力场进行修正，最后用修正压力场求解新的速度场，反复迭代直到获得收敛的速度场。

　　利用Gamit软件对流体动压超光滑加工的流动区域进行几何建模，并进行相应的计算网格的划分。为提高计算的精度和速度，对抛光轮与光学元件表面之间抛光区附近的流体区域进行网格细化处理，建立的几何模型和网格划分结果如图4.1所示，为便于整体结构显示，图中的体网格没有表示出来。根据实际加工情况，模型中球形抛光轮的直径为80 mm，抛光轮的厚度为15 mm。

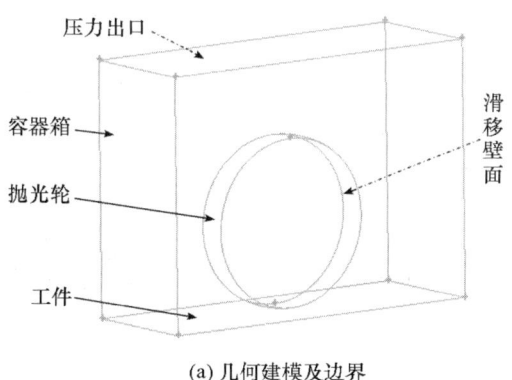

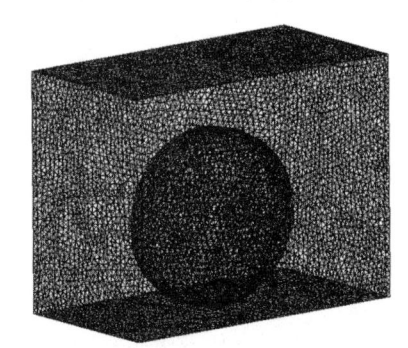

(a) 几何建模及边界　　　　　　(b) 网格划分结果

图4.1　流体动力学仿真模型

抛光轮与光学元件表面之间的间隙分别设定为 10 μm、30 μm、50 μm 和 100 μm。

仿真分析过程中，抛光轮的转速设定为 210 r/min。运用 Fluent 软件，在设定相关仿真参数后对不同抛光间隙下的抛光模型进行流体动力学仿真分析。光学元件表面流体动压和剪切力在不同抛光间隙下的分布分别如图 4.2 和图 4.3 所示。从图 4.2 可以看出，抛光间隙对光学元件表面的流体动压值影响不大，但会影响流体动压的分布。当间隙较小时，流体动压最大值并不处于抛光轮与光学元件之间的最低点，而是成马蹄形对称分布在抛光轮最低点两侧。Zhang[122]和 Zhu 等人[123]等人通过测试实验发现，最小润滑薄膜（小于 1 μm）并非出现在抛光轮与光学元件之间的最低点，而是成马蹄形分布在抛光轮两侧，小间隙的动压分布仿真结果与上述实验动压薄膜厚度分布结果基本一致。由 3.2 节的动压薄膜润滑理论可知，在相同转速下，小的薄膜厚度会引起大的流体动压。仿真结果与实验结果的一致性说明了建模与仿真过程的正确性与可行性。随着抛光间隙的增大，流体动压的最大值逐渐向抛光间隙最低点靠

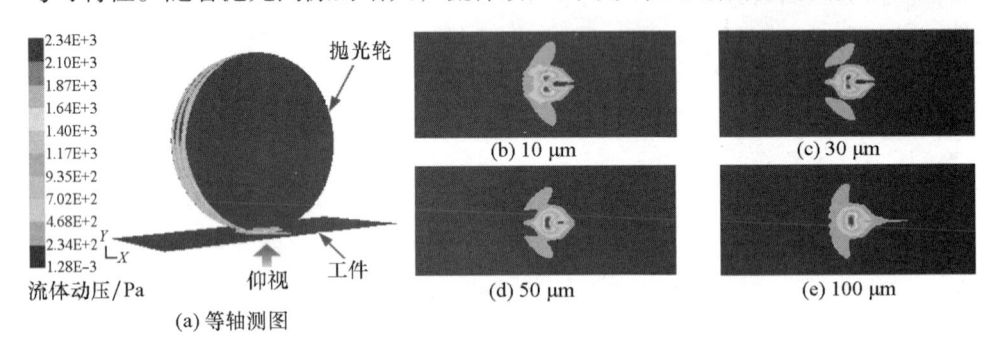

图 4.2 不同间隙作用下流体动压分布（见彩插）

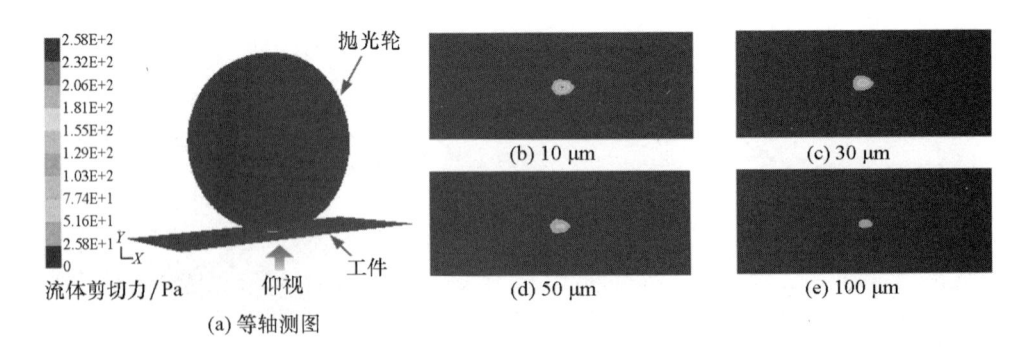

图 4.3 不同间隙作用下流体剪切力分布（见彩插）

近。当抛光间隙超过一定值时，流体动压的最大值出现在抛光轮与光学元件之间的最低点处。

因此，可以认为间隙并不会影响动压值的大小，只是影响动压的分布。从图 4.3 可以看出，光学元件表面流体剪切力随着间隙的增加明显减小，流体剪切力的最大值始终出现在抛光轮与光学元件之间的最低点。流体剪切力在光学元件表面呈椭圆形分布，沿抛光轮旋转方向的流体剪切力减小得相对缓慢，而与旋转方向垂直的表面剪切力减小迅速。这说明光学元件表面流体剪切力的大小受抛光间隙的影响比较大。

4.1.3 实验建模分析

结合流体动力学仿真分析，对不同抛光间隙下材料去除速率和去除形状进行实验研究。定点抛光材料去除实验模型通过以下步骤获得：

(1) 对样件表面的初始面形精度进行测量。
(2) 选择合适的工艺参数进行定点抛光实验。
(3) 对定点抛光后表面的面形精度进行测量。
(4) 将两次测量的面形精度进行求差，计算定点抛光条件下相应位置的材料去除量。

实验过程中加工表面的面形通过 ZYGO 激光波面干涉仪 GPI XP 进行测量。实验采用平均粒径为 20 nm、质量分数为 20% 的纳米氧化硅抛光液。实验样件为石英玻璃。抛光间隙分别选择 10 μm、30 μm 和 60 μm，定点加工时间为 30 min，抛光轮转速为 210 r/min，抛光轮直径为 80 mm。实验结果如图 4.4 所示。从图中可以看出，在抛光间隙为 10 μm 时，抛光区域为椭圆形，峰值材料去除速率为 6.4 nm/min；在抛光间隙为 30 μm 时，抛光区域为对称圆形，峰值材料去除速率为 3.0 nm/min；然而当抛光间隙增加到 60 μm 时，材料去除率几乎为零。大间隙情况下材料去除率为零证实式（4.6）中最小流体剪切力的存在。动压抛光材料去除是在流体动压和流体剪切力的共同作用下实现的，大的流体动压能够提高抛光颗粒与光学元件的接触强度，大的流体剪切力更容易将光学元件表面原子从光学元件表面拽离。根据流体仿真分析可知：在较小间隙作用下，最大流体动压分布在抛光轮两侧，而光学元件表面流体剪切力的最大值则始终位于抛光轮最低点位置。因此，在流体动压和剪切力共同作用下，沿抛光轮厚度方向材料去除较多，去除形状整体呈椭圆形；在较大间隙作用下，流体动压最大值逐渐向抛光轮最低点靠近；在流体动

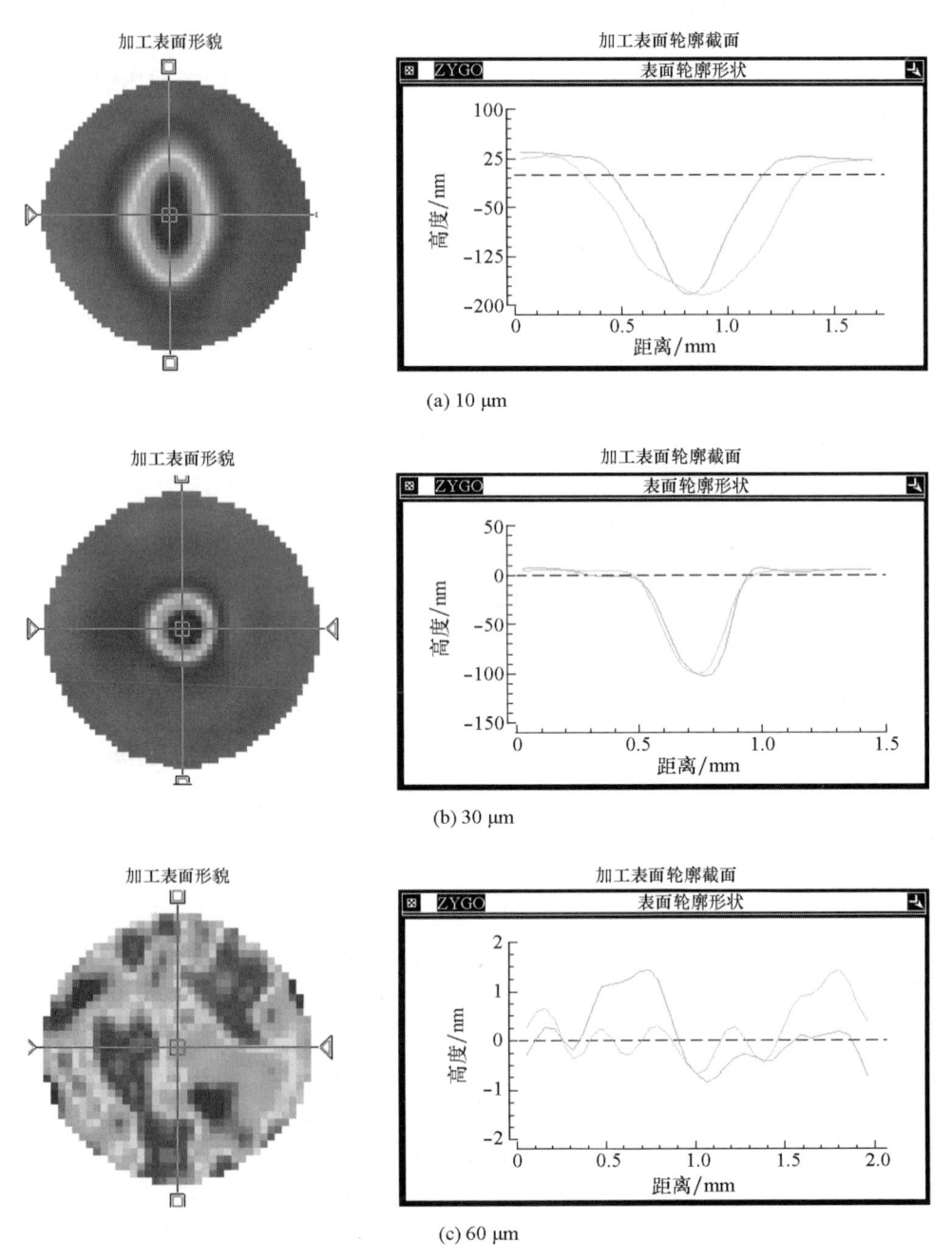

脆性光学元件弹性域超光滑表面加工技术

(a) 10 μm

(b) 30 μm

(c) 60 μm

图 4.4 不同间隙下定点抛光实验结果（见彩插）

压和流体剪切力的综合作用下，材料去除逐渐呈对称的圆形分布。随着抛光间隙的增大，材料去除速率逐渐降低，材料去除区域逐渐变小，同时，材料去除的最明显位置始终出现在抛光轮最低点，这说明流体剪切力是材料去除过程中的主要作用力。在较大的流体动压作用下，抛光颗粒与光学元件碰撞强度的增大将导致二者接触面积增加，从而使界面化学吸附的面积增加。因此，流体动压超光滑加工过程中材料去除率受流体剪切力和流体动压共同作用的影响。

基于理论分析，根据流体动力仿真分析和定点抛光实验结果，可以得到流体动压超光滑加工的材料去除的理论模型为：

$$M_R(x,y) = \begin{cases} C\tau(x,y) + C_1 P(x,y) + e & \tau \geqslant \tau_{min} \\ 0 & \tau < \tau_{min} \end{cases} \quad (4.8)$$

式中，C_1 为与材料相关的正常数，$P(x,y)$ 为光学元件表面的流体动压。

4.2 表面形貌演变规律

掌握流体动压超光滑加工过程中光学元件表面形貌演变规律，有利于对抛光过程中的加工工艺参数进行优化选择及对加工时间进行控制。目前，普遍采用传统接触式加工方法对光学元件进行抛光。因此，本节主要分析流体动压超光滑加工对传统接触抛光方法加工表面的形貌演变规律。

4.2.1 传统抛光的表面和亚表面模型

传统抛光的目的是降低表面粗糙度、表面缺陷以及去除研磨过程中产生的损伤层。传统抛光过程中，抛光颗粒会在抛光盘压力作用下对光学元件表面产生机械刻划作用，在已加工表面留下大量的微细抛光划痕[124]。同时在再沉积作用下，在抛光过程中形成的新损伤例如划痕和裂纹会部分或全部被沉积层所覆盖，形成所谓的亚表面损伤层[20,125-126]。光学元件表面在制造过程中形成的表面和亚表面缺陷是导致激光损伤的主要根源，即使微小的缺陷也会导致激光损伤阈值降低。传统光学抛光是基于压力复印原理的加工过程，这会促使已有裂纹的扩展，并可能会引入具有塑性划痕特征的附加损伤。在传统接触式抛光过程中形成的再沉积层非常薄，表面损伤特征不明显。Carr

等人[127]利用 HF 腐蚀技术，通过原子力显微镜检测发现：经传统抛光，石英玻璃的缺陷深度为 100 nm～500 nm。国防科技大学的王卓博士[128]通过 HF 腐蚀技术和二次离子质谱仪检测技术发现，当抛光压强介于 2.8 kPa～22.3 kPa 之间时，表层缺陷的深度为 76 nm～105 nm。图 4.5 为传统抛光的表面/亚表面损伤模型。再沉积层由抛光杂质以及抛光碎片等组成；亚表面损伤层的塑性划痕是微细抛光颗粒对光学元件表面微切削作用的结果；由于再沉积作用，塑性划痕等缺陷部分或全部隐藏在光学元件表层以下。

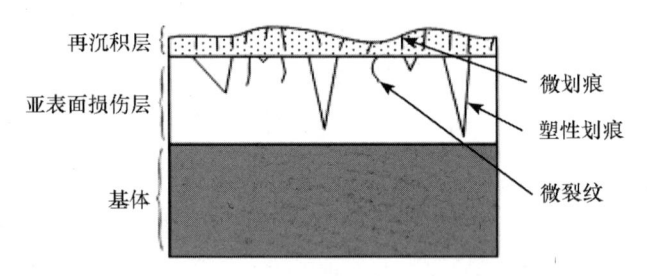

图 4.5　传统抛光的表面/亚表面损伤层模型

图 4.6 为流体动压超光滑加工中波纹不平表面剪切力分布的流体动力学二维仿真结果。对于凹凸不平的表面，凸点位置的剪切力分布明显高于表面其他位置。根据式（4.8）可知，加工后表面凸点位置的材料去除量明显大于凹点位置的材料去除量。同时，凸点位置的原子与基体的结合程度比较弱，易与纳米抛光颗粒发生化学吸附作用。因此，凸点位置的原子去除速率明显大于其他位置的原子去除速率。综上所述，流体动压超光滑加工的表面会明显变光滑。同时，流体动压对纳米抛光颗粒作用力很小，加工过程中材料去除基本上发生在弹性域范围内，不会引入新的机械损伤。流体动压超光滑加工具有优异的超光滑加工能力，因此一般作为高精度光学元件加工的最后一道工序来提升表面和亚表面质量。

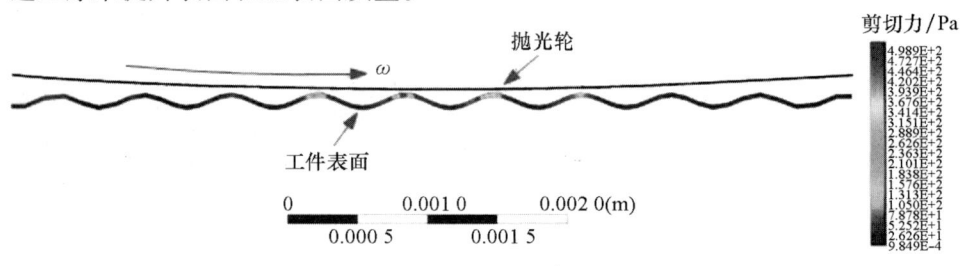

图 4.6　波纹表面流体剪切力分布仿真结果（见彩插）

第4章 流体动压超光滑加工的特性研究

图4.7为流体动压超光滑加工过程中的材料去除过程示意图。由于流体动压超光滑加工为材料弹性域范围内的原子级去除，不会对光学元件表面造成加工损伤，因此，当抛光深度较小时，去除表面再沉积层时，隐藏在亚表面中的塑性划痕等缺陷会暴露出来。由于流体动压超光滑加工过程中凸点位置的材料会被优先去除，因此，随着抛光深度的增加，亚表面损伤层中的塑性划痕等缺陷会随着亚表面损伤层的暴露被逐渐去除，表面逐渐变得比较平滑。当去除深度超过亚表面损伤层厚度时，表面结构与基体结构基本一致，从而获得无损伤的超光滑表面。此时，抛光去除深度的继续增加不会对已加工表面质量再有明显的提升作用。因此在实际加工过程中，只要抛光去除深度达到亚表层的深度就可以获得超光滑表面，避免过度抛光造成加工时间的浪费。

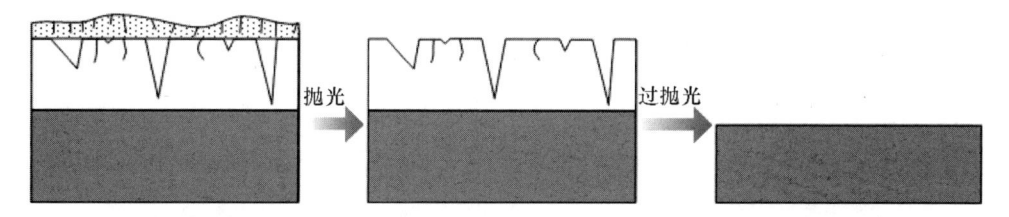

图4.7 流体动压超光滑加工表面材料去除过程

4.2.2 表面微观形貌随深度变化规律

为实验探索流体动压超光滑加工过程中表面形貌的演变过程，选择一块石英玻璃作为加工样件。使用沥青盘，采用平均粒径分别为 1 μm 和 0.5 μm 的氧化铈对玻璃样件进行多次粗抛光和精抛光，以减少光学元件亚表层的损伤深度。实验过程中抛光轮与光学元件之间的间隙为 20 μm，抛光轮的转速为 350 r/min。由于流体动压超光滑加工具有很好的稳定性，为获取不同深度的加工表面，采用线性渐变扫描速度对大小为 6 mm × 20 mm 的区域进行加工。图4.8是使用 ZYGO 激光面形干涉仪 GPI XP 对线性渐变扫描速度加工区域的测试结果。从图中可以看出，加工区域是一个比较平滑的楔形面，沿图中箭头所示方向去除深度逐渐增加，楔形面的最大去除深度为 460 nm。

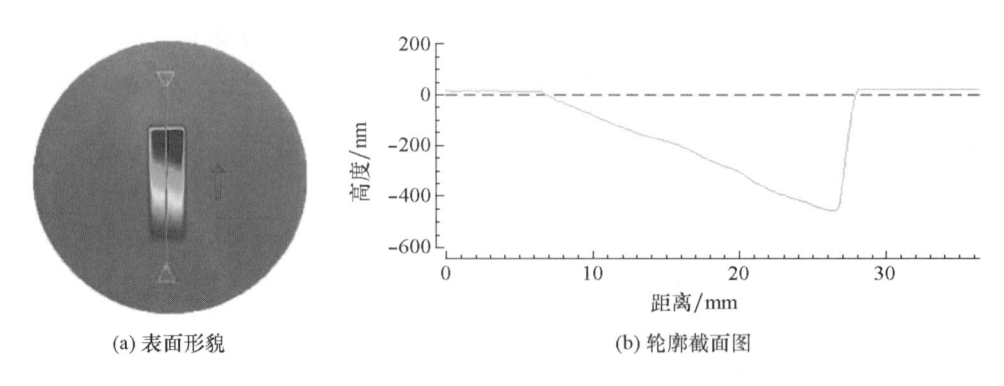

脆性光学元件弹性域超光滑表面加工技术

(a) 表面形貌　　　　　　　　　　(b) 轮廓截面图

图4.8　线性渐变扫描速度加工区域的测试结果

利用原子力显微镜对样件表面不同去除深度的表面形貌进行观测，测试结果如图4.9所示。从图中可以看出，随着去除深度的增加，表面粗糙度逐渐降低。传统沥青盘抛光表面存在许多凹凸不平的微结构，受再沉积层的影响，表面划痕轮廓不清晰、结构不明显。在去除深度大于10 nm后，表面微细划痕完全暴露出来，表面沉积层中凹凸不平的结构在抛光过程中明显被去

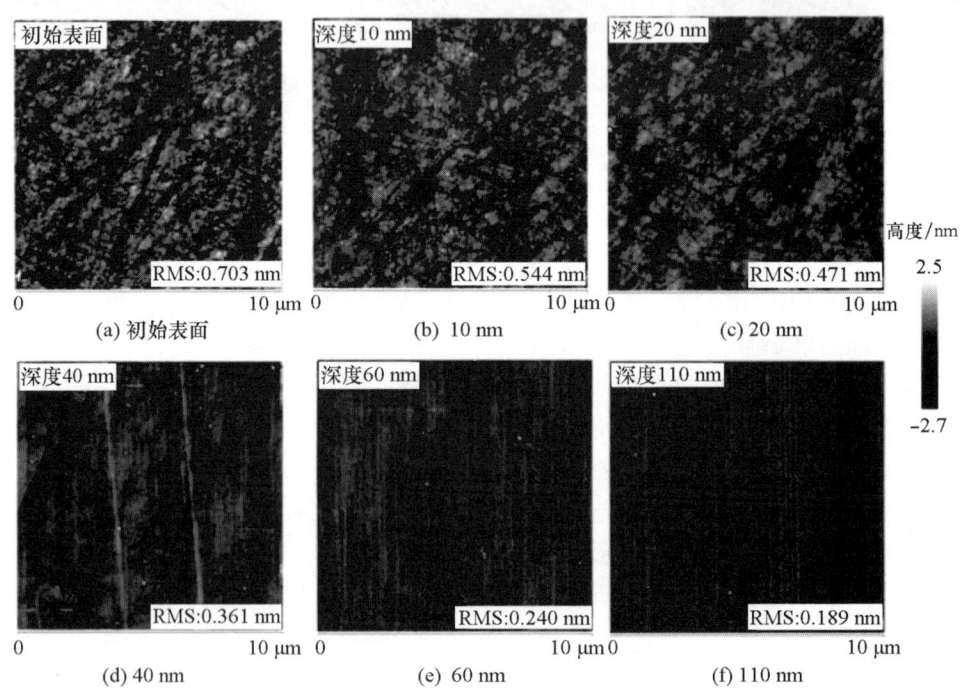

(a) 初始表面　RMS:0.703 nm
(b) 10 nm　RMS:0.544 nm
(c) 20 nm　RMS:0.471 nm
(d) 40 nm　RMS:0.361 nm
(e) 60 nm　RMS:0.240 nm
(f) 110 nm　RMS:0.189 nm

图4.9　不同去除深度表面形貌的原子力显微镜观测结果

除。这主要是由于在流体动压超光滑加工过程中凸点位置的材料去除速率明显高于凹坑位置材料去除速率。随着去除深度的增加,可以发现微细划痕由浅到深逐层被去除。当去除深度超过 40 nm 时,加工表面残留的主要是蝌蚪状的较深划痕;随着去除深度的进一步增加,传统沥青盘抛光过程中抛光颗粒残留在样件表面和亚表面的划痕等缺陷被完全去除,最终表面粗糙度的 RMS 值由 0.703 nm 降至 0.189 nm。

4.2.3 表面质量随深度变化规律

加工过程中表面粗糙度随去除深度变化的关系如图 4.10 所示。从图中可以看出,在加工初期,随着去除深度的增加,由于表面缺陷层被逐渐去除,加工后表面粗糙度迅速降低。当去除深度超过 110 nm 时,由于亚表面缺陷层被完全去除,加工表面粗糙度不再变化。因此在实际加工过程中,只要抛光去除深度达到亚表层的深度就可以获得超光滑表面。

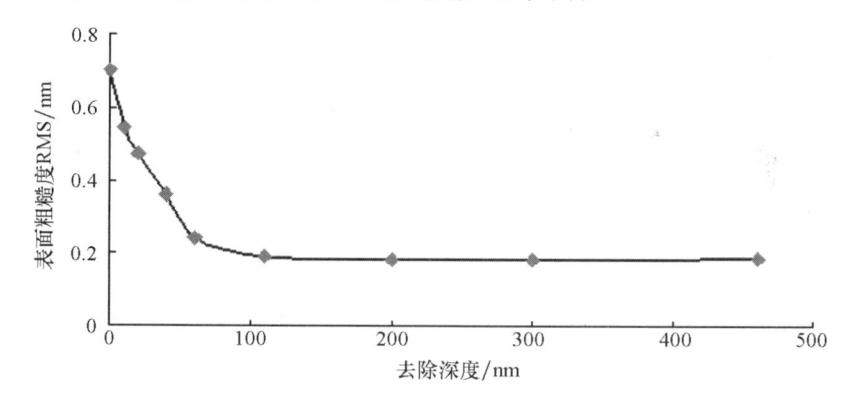

图 4.10 表面粗糙度随去除深度变化的关系图

为进一步分析流体动压超光滑加工过程的表面质量变化规律,对原子力显微镜测试数据进行功率谱密度(power spectral density,PSD)分析,结果如图 4.11 所示。从图中可以看出,随着去除深度的增加,表面误差在测量频率范围内逐渐减小。当去除深度达到 60 nm 时,加工表面缺陷已经基本被去除,仅留下少数较深的与旋转轴垂直的蝌蚪状划痕,加工表面质量获得很大提升并且表面误差在空间频率大于 4.8 μm^{-1} 时已经基本收敛。当亚表面损伤层被完全去除时,小于 4.8 μm^{-1} 的频率误差进一步收敛,说明表面进一步平滑。

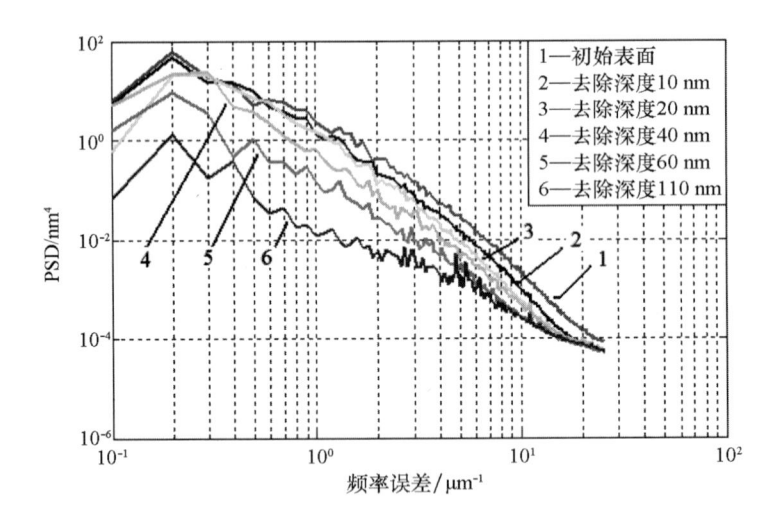

图 4.11 不同去除深度表面的 PSD 曲线分析（见彩插）

4.2.4 表面结构特性对超光滑加工性能的影响

通过对比图 4.9 中不同去除深度的表面形貌可以发现，方向与抛光轮旋转轴平行的划痕先被去除掉，而与旋转轴垂直的划痕后被去除掉。这说明在流体动压超光滑加工过程中，与抛光轮旋转轴平行的方向为缺陷去除的敏感方向，而与旋转轴垂直的方向为缺陷去除的不敏感方向。根据表面缺陷的方向性，可以将表面缺陷划分为图 4.12 所示的两种类型：方向与抛光轮旋转轴平行的表面缺陷、方向与抛光轮旋转轴垂直的表面缺陷。

为分析流体动压超光滑加工过程中对这两种缺陷的去除能力，利用流体动力学仿真分析不同缺陷类型对光学元件表面流体剪切力分布的影响。流体动力学仿真结果如图 4.13 所示。从图中可以看出，对于缺陷方向与抛光轮旋转轴平行的划痕凸起位置，其剪切力明显高于划痕凹坑位置的剪切力。对于方向与抛光轮旋转轴垂直的缺陷，在光学元件表面高低位置处的剪切力变化比较平缓，因此对于 4.12（b）中理想表面波纹缺陷的去除是比较困难的。实际加工过程中，与抛光旋转轴垂直方向的缺陷由于深度的不一致以及缺陷的长度都非常短，因此也可以将其等效为与抛光旋转轴平行的波长较长的缺陷，因此随着加工过程的进行也会被逐渐去除。这就是实际加工过程中与抛光轮旋转轴平行的划痕先被去除，而与抛光轮旋转轴垂直的划痕后被去除的原因。实际加工过程可以根据初始表面缺陷的特点对光学元件的装夹方式进行优化来实现高效率的超光滑表面加工。

(a) 与抛光轮旋转轴平行

(b) 与抛光轮旋转轴垂直

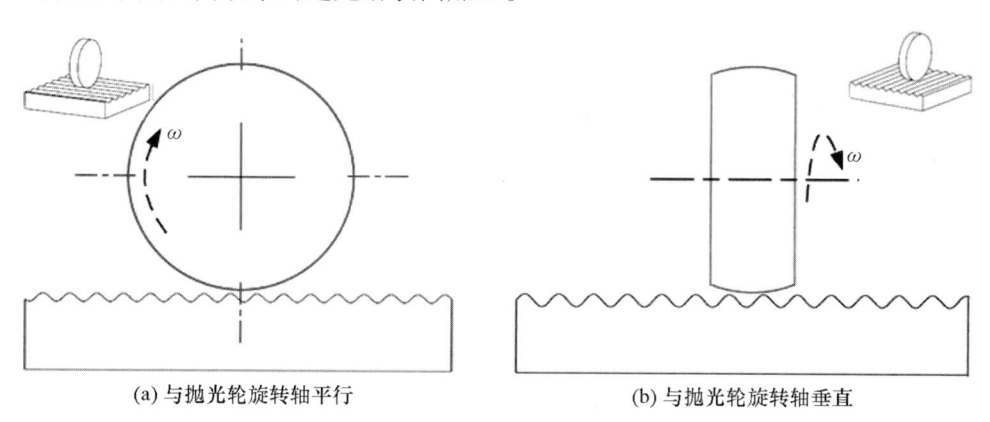

图 4.12　表面缺陷的方向示意图

(a) 缺陷方向与抛光轮旋转轴平行

(b) 缺陷方向与抛光轮旋转轴垂直

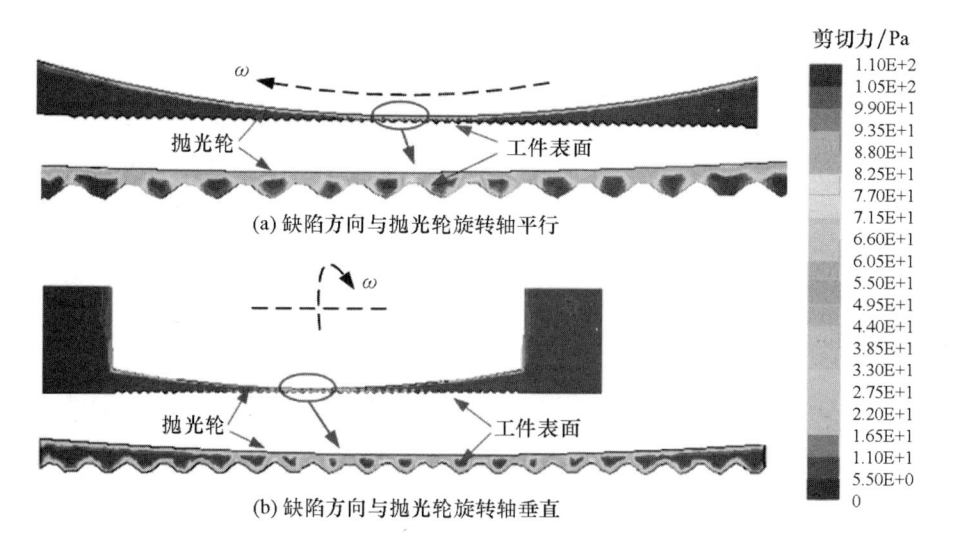

图 4.13　不同缺陷类型表面的流体剪切力分布（见彩插）

4.3 表面性能评价

为了考察流体动压超光滑加工表面的加工效果，同时对其材料去除机理进行验证，分别通过 HF 刻蚀技术和纳米压痕技术对加工表面的性能进行评价分析。

4.3.1 HF 刻蚀表面/亚表面质量分析

超光滑表面不仅要求具有极低的表面粗糙度，同时也要求具有尽可能小的表面和亚表面损伤。简单通过表面来评价加工表面质量是不全面的，亚表面损伤也是评价加工表面质量的一个重要指标。光学元件在其加工过程中形成的亚表面缺陷是导致激光损伤的主要原因之一。通过对加工表面进行观测可以发现，流体动压超光滑加工可以获得极低的表面粗糙度。由于亚表面损伤隐藏在表面以下，利用表面观测设备无法对其内部结构进行检测。HF 对玻璃结构具有很强的溶解作用，通过 HF 刻蚀技术可以有效对石英玻璃亚表面结构进行观测[129-132]。当将玻璃材料浸泡在一定浓度的 HF 溶液中时，其表层结构很容易被刻蚀溶解在溶液中，从而暴露出亚表面结构。HF 对玻璃结构的刻蚀具有各向同性的特点，刻蚀过程并不会改变亚表面的缺陷深度，只会导致缺陷在宽度方向变大，因此经过 HF 刻蚀后，亚表面结构缺陷被放大，将更易于观测。

实验选择一块传统沥青盘抛光过的石英玻璃作为测试样件。样件中一部分区域利用流体动压超光滑加工均匀去掉 280 nm，然后利用 5% 的 HF 溶液对石英玻璃进行化学刻蚀，平均刻蚀速度约为 20 nm/min。经刻蚀 5 min，腐蚀深度大约为 100 nm，分别利用三维形貌轮廓仪 ZYGO New View 700 和原子力显微镜对未加工表面和加工表面的刻蚀前后表面形貌进行观测。

图 4.14、4.15 是利用 ZYGO New View 700 在 50X 物镜下的观测结果。从图中可以看出，未加工表面在 HF 刻蚀前比较平滑。经 HF 刻蚀去除表面沉积层后，亚表面缺陷如塑性划痕明显被暴露出来。经 HF 刻蚀后的表面粗糙度明显增大，表面粗糙度的 RMS 值由酸刻蚀前的 0.755 nm 增加到 1.120 nm。经过流体动压超光滑加工后的表面在被 HF 刻蚀前后，表面始终光滑平整。抛光后的表面经 HF 刻蚀暴露出亚表面后观测不到明显的损伤，同时，刻蚀前后表

第 4 章
流体动压超光滑加工的特性研究

面粗糙度也没有明显的变化，加工表面粗糙度在酸蚀后还表现出略微变好的趋势。加工表面在刻蚀前后由于测试摆放位置不一致导致加工后表面结构纹理特征的方向性有所不同。

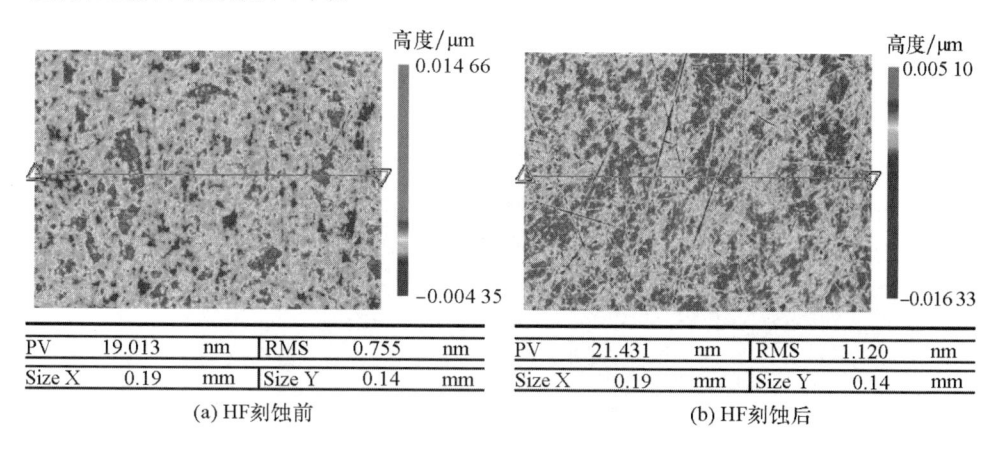

| PV | 19.013 | nm | RMS | 0.755 | nm |
| Size X | 0.19 | mm | Size Y | 0.14 | mm |

(a) HF刻蚀前

| PV | 21.431 | nm | RMS | 1.120 | nm |
| Size X | 0.19 | mm | Size Y | 0.14 | mm |

(b) HF刻蚀后

图 4.14 未加工表面 HF 刻蚀前后的 ZYGO New View 700 观测结果（见彩插）

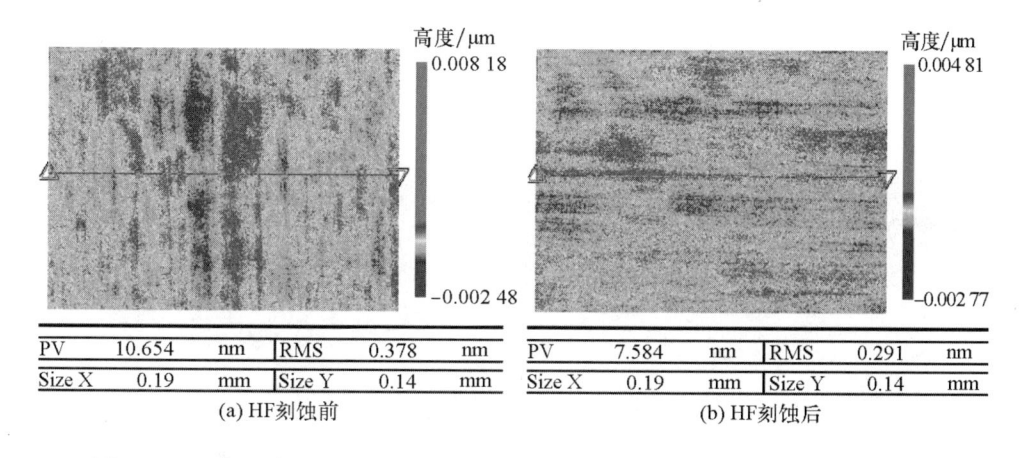

| PV | 10.654 | nm | RMS | 0.378 | nm |
| Size X | 0.19 | mm | Size Y | 0.14 | mm |

(a) HF刻蚀前

| PV | 7.584 | nm | RMS | 0.291 | nm |
| Size X | 0.19 | mm | Size Y | 0.14 | mm |

(b) HF刻蚀后

图 4.15 已加工表面经 HF 刻蚀前后的 ZYGO New View 700 观测结果（见彩插）

受横向分辨率的限制，石英玻璃样件表面的细微划痕等损伤特征无法通过三维形貌轮廓仪进行观测。因此，采用原子力显微镜对加工前后表面在刻蚀前后的微观结构进行观测，结果如图 4.16、4.17 所示。从观测结果可以看出，经传统抛光后的表面存在明显的受抛光颗粒机械刻划作用留下的微细划痕，经酸洗以后微细划痕明显被放大，表面粗糙度明显恶化，表面粗糙度的 RMS 值由 0.839 nm 增加到 1.630 nm。经流体动压超光滑加工后，表面明显变

脆性光学元件弹性域超光滑表面加工技术

光滑，初始表面的微细划痕完全被去除，表面粗糙度的 RMS 值降至 0.224 nm。经酸蚀后表面仍然相当平滑，表面粗糙度几乎保持在刻蚀前的水平。从图 4.17（b）中可以看出，抛光后的表面经 HF 刻蚀后仍存在非常少量的塑性划痕。这主要是由于流体动压超光滑加工的材料去除速率比较低，去除深度不够，导致亚表面损伤层未完全被去除。亚表面中比较深的划痕缺陷经刻蚀放大后被暴露出来。

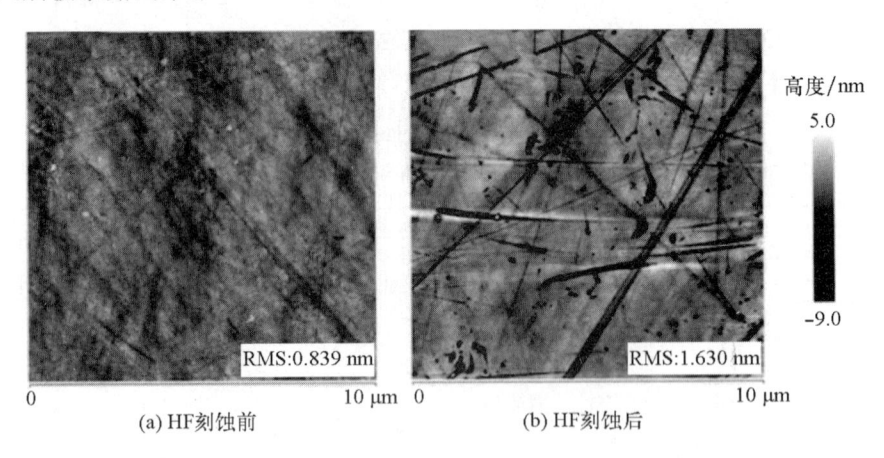

图 4.16 未加工表面 HF 刻蚀前后的原子力显微镜观测结果

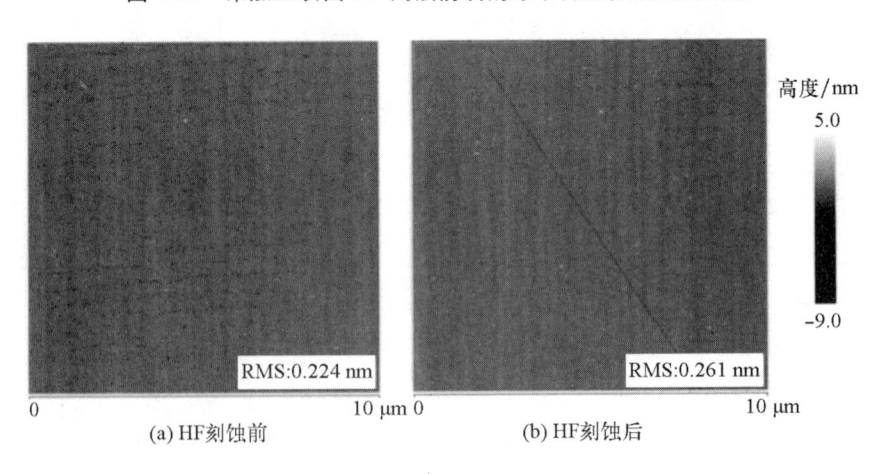

图 4.17 已加工表面 HF 刻蚀前后的原子力显微镜观测结果

HF 刻蚀结果表明，流体动压超光滑加工在迅速降低表面粗糙度的同时，不会对加工表面的亚表面造成损伤。这主要是由于在流体动压超光滑加工过程中，抛光颗粒在流体动压作用下与光学元件表面原子发生的界面化学键合作用。抛光颗粒在流体剪切力作用下将表层原子拽离光学元件表面，实现光学元件表面材料原子级去除。在抛光过程中，光学元件表面凸点位置的材料去除速率明显高于凹坑位置的材料去除速率，因此加工后表面变得平滑。同时，在流体动压作用下，由于纳米抛光颗粒冲击光学元件表面所产生的能量不足以使光学元件表面材料产生塑性变形，而只是微弱的弹性变形，因此不会对光学元件表面造成机械损伤，加工后表面光滑无损伤。

4.3.2 纳米压痕表面物理性能分析

加工过程中的塑性变形以及变质层都会导致表面残余应力层的产生。在集成电路和薄膜科学等领域中，不仅对超光滑表面要求元件表面具有极低的表面粗糙度，同时也对元件表面的晶格完整性提出了很高的要求。残余应力层主要是晶格畸变或位错等缺陷所造成的，表面残余应力越大说明表面晶格完整性被破坏得越厉害。表面残余应力场的存在会造成表面的硬度和弹性模量发生变化。表面残余应力分为拉应力和压应力，拉应力会导致材料硬度降低，而压应力会导致材料硬度增加[133-135]。由于传统加工过程中，材料去除都是基于抛光颗粒在抛光盘压力作用下对光学元件表面进行大规模刻划实现的，因此加工表面划痕等缺陷附近的残余应力表现为压应力场，导致加工表面产生加工硬化层。一般亚表面损伤层厚度越大，残余应力也越大。Ma等人[129]通过对不同亚表面损伤厚度的石英玻璃进行纳米压痕实验发现，在相同载荷作用下，亚表面损伤较浅表面体现为易于压入，硬度较小，而损伤层较深表面则表现为耐压，硬度较大。Liao等人[51]利用原子力显微镜三维扫描发现，石英玻璃表面划痕附近的显微硬度明显偏高，这也说明了加工过程中表面损伤层的存在会导致加工表面硬化层的出现。

本节利用CSM公司的纳米压痕仪对流体动压超光滑加工前后的表面在不同载荷下进行了定点压痕实验。纳米压痕实验在一块传统抛光石英玻璃样件的加工和非加工区域进行，加载载荷分别为 100 μN、600 μN、1 000 μN 和 5 000 μN。

图4.18为不同载荷作用下的纳米压痕载荷-位移曲线。从图中可以看出，当载荷小于 1 000 μN 时，在相同载荷作用下，已加工表面压头的最大压入深度均大于未加工表面的压入深度，说明加工表面的硬度降低。未加工表面受表面残余应力层的影响，当载荷较小时，压头压入的深度主要处于残余应力场影响的厚度范围内，受硬化层的影响表面硬度较大。流体动压超光滑

加工是基于材料的弹性域去除，不会对表面晶格的完整性造成破坏，加工表面几乎不表现出残余应力。传统加工过程中加工残余应力主要体现为压应力，因此导致未加工表面硬度高于加工表面硬度。在压痕过程中，加工表面体现为变软易压，在相同载荷作用下压入深度较大。当载荷达到 5 000 μN 时，可以看出，已加工和未加工表面的纳米压痕载荷 - 位移曲线基本重合。这主要是由于在大载荷作用下，压头压入深度已经远大于残余应力场的影响厚度，这时体现的主要是基体材料的硬度。

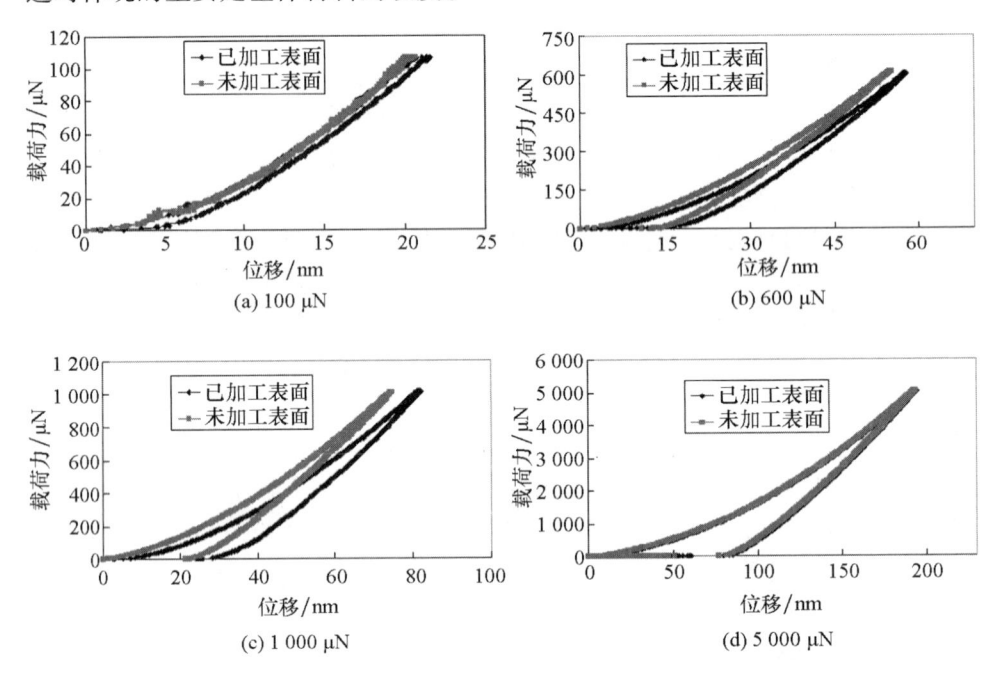

图 4.18　已加工与未加工表面在不同载荷下的纳米压痕载荷 - 位移曲线

4.4　小结

本章通过理论分析、流体动力学仿真以及相关实验对流体动压超光滑加工的特性进行了研究，主要研究结论如下：

（1）一旦满足形成材料去除的最小流体剪切力要求，流体动压超光滑加工材料去除速率就由光学元件表面形成的流体动压和流体剪切力共同决定。

第 4 章 流体动压超光滑加工的特性研究

流体动压和流体剪切力越大,材料去除效率越高。抛光间隙较小时,流体动压最大值在光学元件表面呈马蹄形分布于抛光间隙最低点两侧。随着抛光间隙增大,最大值逐渐向抛光间隙最低点靠近。流体剪切力在光学元件表面沿间隙最低点呈椭圆形分布,其数值随抛光间隙的增大逐渐减小。

(2) 在传统抛光表面的流体动压超光滑加工过程中,表面缺陷层是逐层被去除的。小深度去除后,隐藏在亚表面中的划痕等缺陷逐渐暴露出来;随着去除深度不断增加,表面划痕由浅到深逐渐被去除。表面粗糙度随着去除深度的增加而迅速降低,随着亚表面损伤层的完全去除,其值达到原子级水平并趋于稳定。

(3) 流体动压超光滑加工对表面结构缺陷去除的方向具有一定的选择性。与抛光轮旋转轴平行的缺陷方向在超光滑加工中最容易被去除,而与抛光轮旋转轴垂直的缺陷方向为超光滑加工的最不敏感方向。

(4) HF 刻蚀结果证实,流体动压超光滑加工在迅速降低表面粗糙度的同时,不会对亚表面造成损伤。纳米压痕实验结果则表明,流体动压超光滑加工可以明显削弱残余应力造成的表面加工硬化层,加工表面与基体材料的物理性能更接近。

第 5 章
流体动压超光滑加工工艺规律研究

由前述章节分析可知,流体动压超光滑表面加工主要受抛光轮转速和抛光间隙的影响,同时,抛光轮的浸没深度也会对其加工性能造成一定的影响。本章结合流体动力学仿真和相关实验,分析不同工艺参数对流体动压超光滑加工材料去除速率的影响,为后续超光滑加工实验选择最佳工艺参数做准备。利用流体动力学仿真,通过对比分析抛光轮在不同粗糙度的光学元件表面的流体剪切力和动压分布,对加工表面微细抛光纹路的产生机理进行研究;基于微细抛光纹路的产生机理提出不同的加工抑制策略,通过具体实验对相关策略的可行性进行验证;同时根据表面加工结果对比分析不同抑制策略的优劣,并提供相应的策略选择依据。

5.1 工艺参数影响规律

由 4.1 节建立的流体动压超光滑加工材料去除模型可知,材料去除速率主要受光学元件表面流体动压和流体剪切力共同作用的影响。本节首先基于流体动力学仿真分析不同浸没深度对材料去除速率的影响;其次通过实验分析不同抛光轮转速和抛光间隙下定点抛光的材料去除速率的影响规律,并结合流体动力学仿真对实验结果进行说明。

5.1.1 抛光轮浸没深度对材料去除速率的影响

抛光轮完全浸没对抛光头的密封性提出了很高的要求,同时也增加了对抛光液的需求量,因此有必要分析不同浸没深度对流体动压超光滑加工材料去除速率的影响。Hamrock[136]在对如图5.1所示的润滑模型类型进行研究时发现，球形元件在不同浸没深度下形成的最小流体动压薄膜厚度基本一致。完全浸没形成的最大流体动压比低浸没深度稍大，差别不明显。最适宜的浸没深度定义为：

$$H_{in}^* = 4.11(H_{min})^{0.36} \quad (5.1)$$

式中，相对浸没深度H_{in}定义为：

$$H_{in} = \frac{h}{R} \quad (5.2)$$

式中，h为实际浸没深度，R为抛光轮的半径。当$H_{in} > H_{in}^*$时，为过浸没状态；当$H_{in} < H_{in}^*$时，为欠浸没状态。上述润滑模型与流体动压超光滑加工模型一致，因此，加工过程中只要将抛光轮浸没到一定深度就可以达到完全浸没的加工效果。

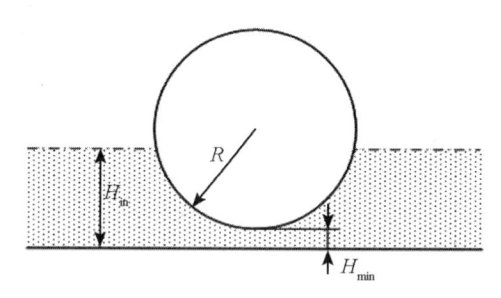

图5.1 球形与平面光学元件浸没润滑模型

流体动压超光滑加工材料去除速率主要受流体剪切力和流体动压作用的影响。针对抛光轮的不同浸没深度，本节利用流体动力学仿真对光学元件表面流体动压和流体剪切力的分布和大小进行了分析。仿真参数设置如下：最小抛光间隙为30 μm，抛光轮直径为80 mm，抛光轮浸没深度分别为5.0 mm、20.0 mm以及85.0 mm。根据式（5.1）和式（5.2）可得，在上述参数条件下最适宜的浸没深度为12.3 mm，因此上述不同浸没深度的模型分别为欠浸没、过浸没以及完全浸没状态。三种不同浸没深度的仿真模型如图5.2所示。

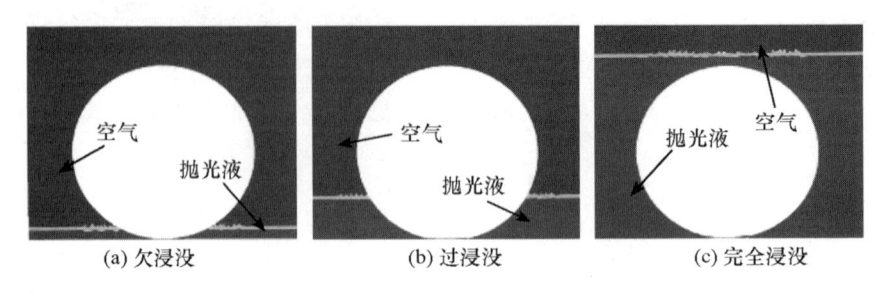

脆性光学元件弹性域超光滑表面加工技术

(a) 欠浸没　　　　(b) 过浸没　　　　(c) 完全浸没

图 5.2　抛光轮不同浸没状态下的仿真模型

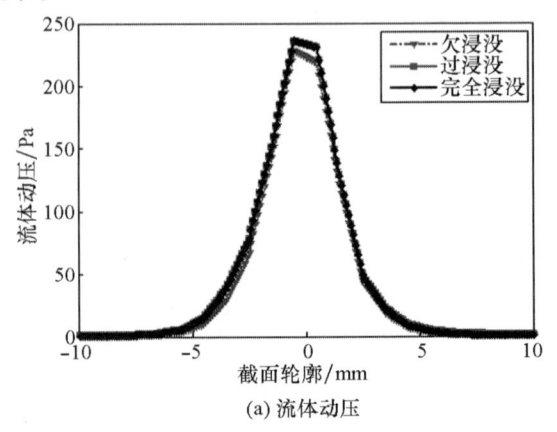

图 5.3 为抛光轮不同浸没状态下流体动压和流体剪切力的仿真结果。由仿真结果可知：三种不同浸没状态下的流体动压和流体剪切力分布基本一致，欠浸没状态的峰值动压和剪切力比其他两种浸没状态稍小一点。这说明浸没深度的不同并不会对抛光过程中的材料去除速率造成很大影响。一方面，实际加工过程中抛光液在抛光轮旋转离心力作用下会发生溅射现象，溅射作用会对抛光膜形成的稳定性造成一定影响，从而影响最终的加工效果。另一方面，抛光轮的高速旋转会卷吸部分空气进入抛光区域，卷入空气形成的气泡在抛光区域动压作用下破裂，产生微射流现象，会对加工表面质量造成严重影响。而仿真过程中并未考虑这两种因素的影响。实验发现这两种现象会随着浸没深度的增加而逐渐被抑制。通过实验发现，当抛光轮转速低于 450 r/min，浸没深度在 $2R/3$ 左右时，溅射现象和空气卷吸现象不明显。实际加工过程中抛光间隙一般在 10 μm～30 μm 范围内，在上述浸没深度下，抛光轮处于过浸没状态。因此实验过程中选择上述的浸没深度可以获得稳定的材料去除速率和良好的抛光效果。

(a) 流体动压

(b) 流体剪切力

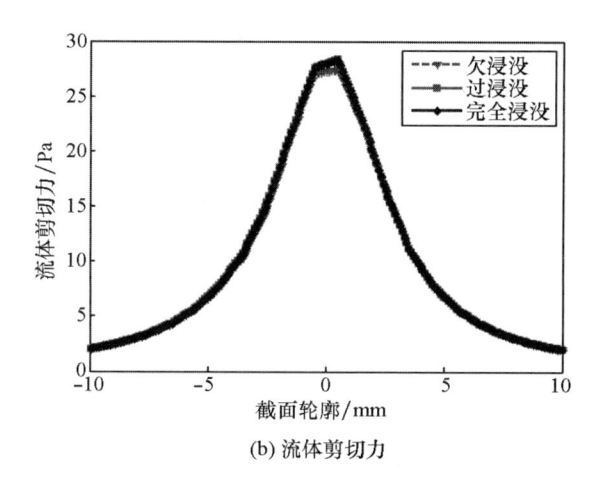

图 5.3 不同浸没状态下流体动压和剪切力变化仿真结果（见彩插）

5.1.2 抛光轮转速对材料去除速率的影响

在考察抛光轮转速对材料去除速率的影响时，抛光间隙保持 20 μm 不变，抛光轮转速分别设定为 200 r/min、250 r/min、300 r/min 和 400 r/min。图 5.4 为通过实验得到的抛光轮转速对材料去除速率影响的关系曲线。实验结果表明：在一定范围内，抛光轮转速与材料去除速率呈现近线性关系，即转速越高，材料去除速率越大。

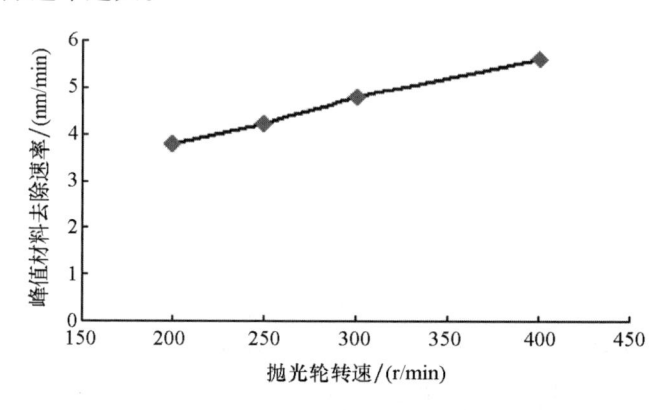

图 5.4 峰值材料去除速率与抛光轮转速的关系

随着抛光轮转速的增加，抛光颗粒的运动速度增大，抛光颗粒与光学元件表面在单位时间内的碰撞频率增加，从而提高材料去除速率。图 5.5 为在相同抛光间隙作用下，光学元件表面最大流体动压和最大流体剪切力与抛光轮转速之间的关系曲线。从仿真结果可以看出：光学元件表面流体动压随着转速的增加呈现近二次曲线增加，流体剪切力随着抛光轮转速的增加呈线性增加。当抛光轮转速在 200 r/min 与 500 r/min 之间时，流体动压也可以认为随转速的增加呈近线性增加。由式（4.8）可知，流体动压超光滑加工中材料去除速率随光学元件表面的流体动压和流体剪切力线性增加。实验结果与流体动压超光滑加工的材料去除模型相一致。

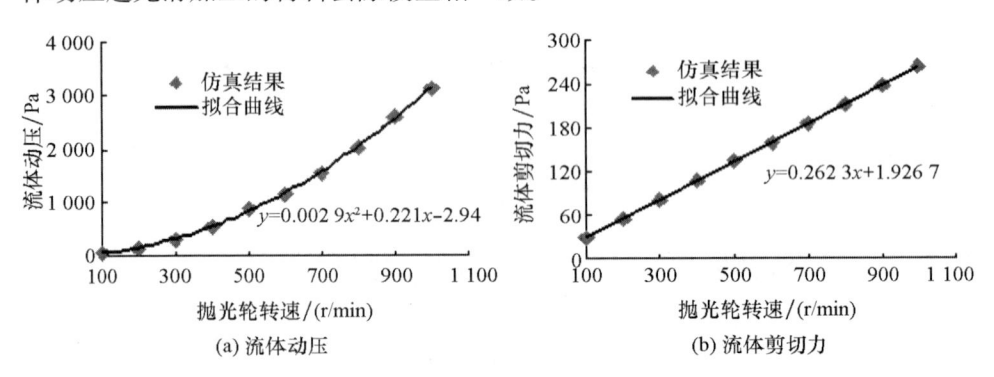

(a) 流体动压

(b) 流体剪切力

图 5.5　光学元件表面最大流体动压和最大流体剪切力随抛光轮转速变化的关系

为了提高加工效率获取较大材料去除速率，在加工条件允许的前提下，可以选择较大的抛光轮旋转速度。由前面章节的分析可知，抛光轮转速过高会受安装偏心误差的影响，导致抛光轮旋转精度降低进而影响加工表面的质量；此外，加工过程中抛光轮部分浸泡在抛光液中，过高的抛光轮转速会卷吸一部分空气进入流体动压润滑区产生气泡，对动压薄膜的稳定性造成影响。因此，一味地增加抛光轮旋转速度在实际加工过程中并不可取，一般选择 300 r/min。

5.1.3　抛光间隙对材料去除速率的影响

在研究抛光间隙对材料去除率影响时，抛光轮转速保持 200 r/min 不变，抛光间隙分别选择 10 μm、15 μm、20 μm、30 μm、40 μm 和 60 μm。实验过程中定点抛光时间为 30 min。图 5.6 为不同抛光间隙下的材料去除速率。由实验结果可得，在抛光轮转速一定的情况下，材料去除速率随抛光间隙的增大而减小。当抛光间隙增大到一定值后，材料去除基本不发生。

第 5 章
流体动压超光滑加工工艺规律研究

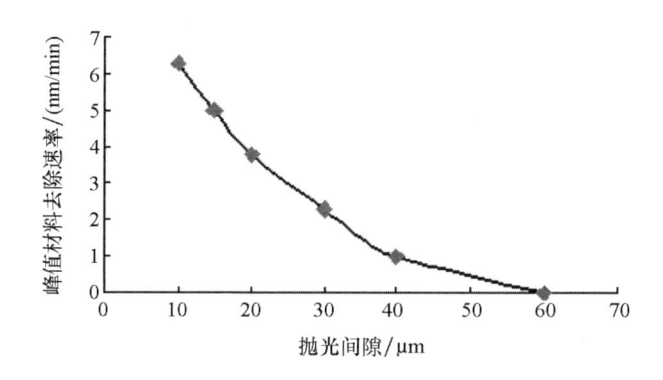

图 5.6　峰值材料去除速率与抛光间隙的关系

实验结果表明：当抛光间隙小于 40 μm，材料去除速率随着抛光间隙的增大迅速减小；当抛光间隙大于 40 μm 时，材料去除速率减小的趋势明显趋于平缓。图 5.7 是在相同抛光轮转速作用下，光学元件表面最大流体剪切力和最大流体动压与抛光间隙的关系曲线。从仿真结果可以看出：抛光间隙的变化对流体动压最大值基本不造成影响（仅影响其分布，见 4.1.2 节），流体剪切力随抛光间隙的增大迅速减小直至趋于平缓。材料去除速率随抛光间隙变化曲线与光学元件表面流体剪切力随抛光间隙变化曲线具有一定程度的相似性。当抛光间隙增大到 60 μm 时，材料去除基本消失，表明光学元件表面的流体剪切力已经下降到无法满足流体动压超光滑加工的材料去除模型中实现材料去除对剪切力要求的最小值。这验证了流体动压超光滑加工材料去除模型的正确性。

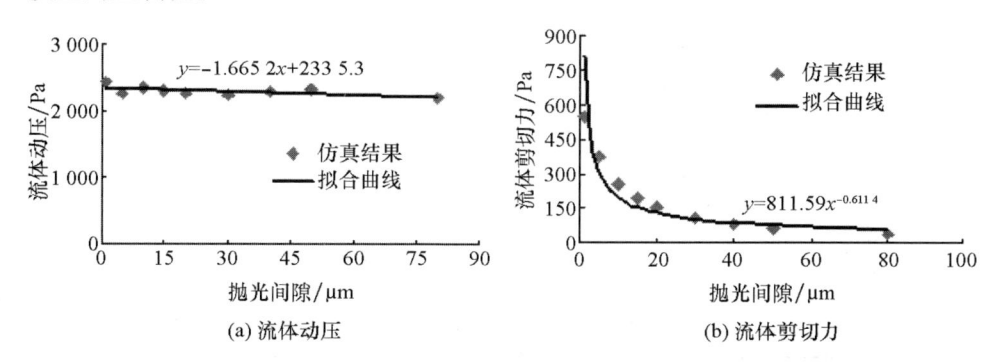

(a) 流体动压　　　　　　　(b) 流体剪切力

拟合方程：$y = -1.6652x + 2335.3$；$y = 811.59x^{-0.6114}$

图 5.7　光学元件表面最大流体动压和最大流体剪切力随抛光间隙变化的关系

通过上述分析可知，为获取较大的材料去除速率，必须选择较小的抛光间隙。同时，受抛光轮旋转精度的影响，为避免抛光轮与光学元件之间碰撞，抛光间隙不能太小。此外，如果抛光间隙过小，抛光轮表面形状误差会在流体动压作用下复印到加工表面，从而影响加工表面质量（详细分析见5.2节）。因此，综合考虑加工效率与加工表面质量，抛光间隙选择25 μm比较合适。

5.1.4　工艺参数综合影响分析

由于浸没深度对材料去除速率的影响很小，因此在这里只讨论抛光轮转速和流体动压这两个工艺参数的影响。采用因素-指标关系将不同工艺参数对峰值材料去除速率的影响表示为图5.8所示的关系图。图中横坐标表示不同工艺参数的因素水平，纵坐标表示峰值材料去除速率。通过对不同因素水平的极差值进行比较可知，各参数对材料去除速率的影响关系大小为：抛光间隙＞抛光轮转速。说明抛光间隙是影响材料去除速率的主要因素。因此在加工过程中必须对抛光间隙进行严格控制，以保证加工过程中的稳定性。从图5.7的流体动力学仿真结果可知，抛光间隙的变化会对光学元件表面流体剪切力的变化造成很大影响。实验通过具有亚微米分辨率的高精度进给轴对抛光间隙进行控制，同时，通过预热试运行实现温度平衡，以保持加工过程中环境温度的稳定性，避免抛光头热膨胀效应对抛光间隙造成的影响。相对于抛光间隙，虽然抛光轮转速对材料去除速率影响较小，但其变化同样会对材料去除的稳定性造成影响。实验选用具有高分辨编码器的伺服电机，通过反馈控制可以获得非常稳定的旋转速度。

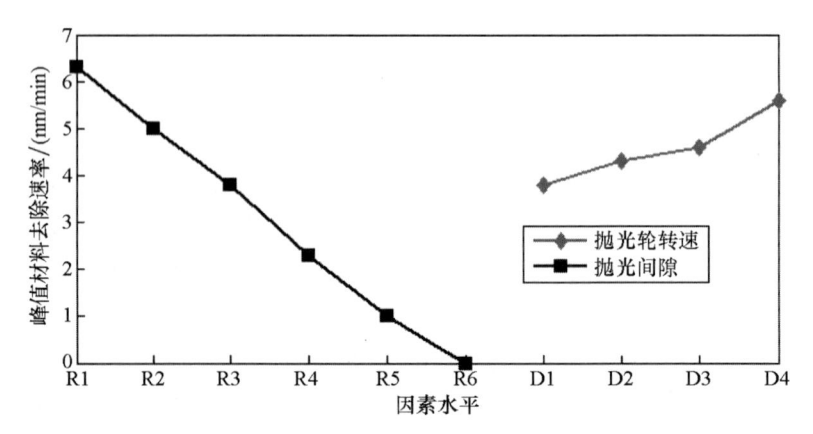

图5.8　不同工艺参数与峰值材料去除速率的关系图

第5章 流体动压超光滑加工工艺规律研究

5.2 微细抛光纹路的控制

流体动压超光滑加工虽然可以在迅速降低表面粗糙度的同时减少表面损伤层厚度，但会在加工表面留下沿抛光轮旋转方向的微小尺度抛光纹路，如图5.9所示。这种周期性细小波纹影响加工表面高频误差的进一步降低。实际应用中，这种微小尺度波纹在反射光学系统中会引起光的衍射现象，严重影响成像质量；在强激光系统中会对激光光束进行增益调制，对光学元件的抗阈值损伤能力造成不利影响。因此，有必要对这种微小抛光纹路的产生机理进行分析，并选择合适的抑制方法。

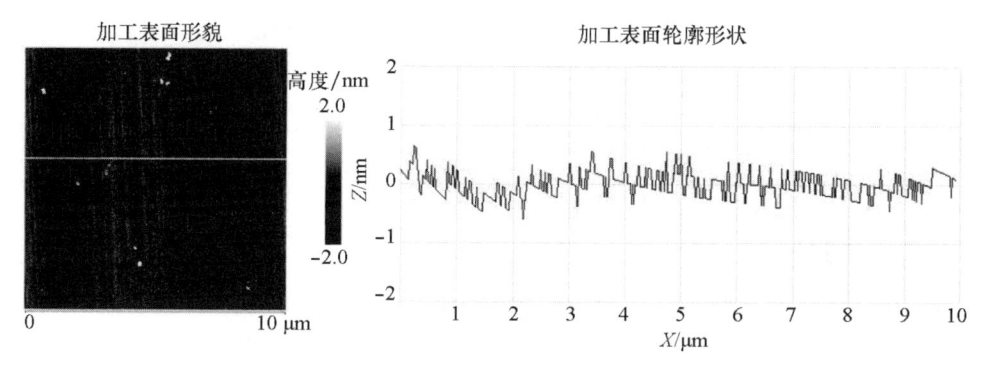

图5.9 加工表面微细抛光纹路形貌

本节通过对抛光轮表面结构特征进行分析，建立相应的仿真模型。利用流体动力学仿真对加工表面的微细抛光纹路的产生机理进行分析。根据其产生机理提出了不同的抑制策略，并通过实验对策略的可行性进行论证。

5.2.1 微细抛光纹路产生机理

1. 抛光轮表面结构

在流体动压润滑系统中，润滑表面的不规则粗糙度会对流体动压润滑膜的形成造成一定影响[137-140]。抛光轮是流体动压超光滑加工的关键部件之一，其表面不规则结构会一定程度影响表面流体剪切力和流体动压的分布。图5.10是利用三维形貌轮廓仪ZYGO New View 700对抛光轮表面微观形貌的测量结果。从图中可以看出，抛光轮表面存在明显的周期性波纹，波纹周期约为10 μm。

脆性光学元件弹性域超光滑表面加工技术

由于抛光轮表面是采用单点金刚石加工技术与超精密模制工艺进行成形控制的，在圆周方向的周期性车削加工纹路会复印到抛光轮表面。

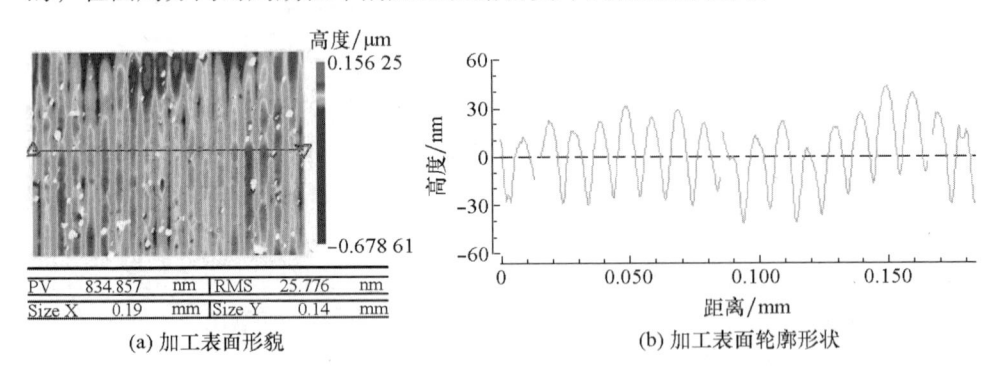

(a) 加工表面形貌   (b) 加工表面轮廓形状

图 5.10　抛光轮表面结构测量结果（见彩插）

2. 流体动压对表面微结构的复制效果

为了考察抛光轮表面周期性加工纹路对流体动压超光滑加工效果的影响，利用流体动压力学仿真软件 Fluent 分别对理想光滑抛光轮和正弦粗糙表面抛光轮进行建模分析。球形抛光轮和圆柱形抛光轮在对平面类型元件进行加工时，动压润滑效果具有一定的相似性。为了便于对不同类型表面抛光轮进行建模，本小节采用圆柱形抛光轮进行建模分析，假定光学元件表面为理想光滑的平面。

模型网格划分过程中，一方面，粗糙表面正弦周期和幅值过小会导致网格密度过大，使计算机无法实现对其网格的高效划分；另一方面，生成的网格文件数据过大导致迭代计算收敛过程非常缓慢。为有效分析抛光表面微结构对流体动压效果的影响，采用粗糙度幅值较大和波动周期较高的抛光轮表

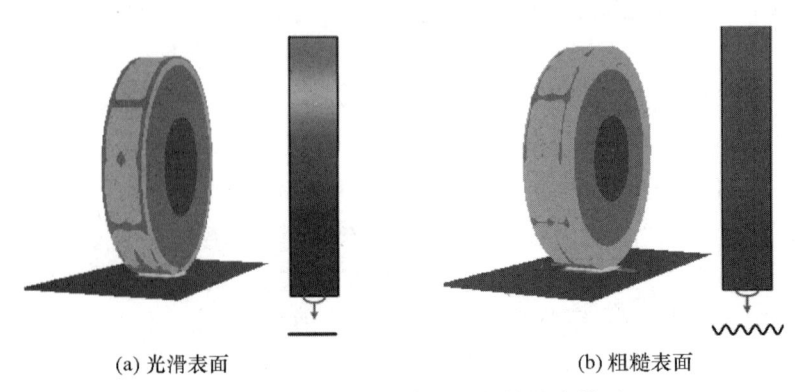

(a) 光滑表面   (b) 粗糙表面

图 5.11　光滑与粗糙表面抛光轮仿真模型

面进行流体动力学仿真分析。建立的仿真模型如图 5.11 所示。模型以及仿真参数分别为：抛光轮直径为 80 mm、厚度为 10 mm，粗糙抛光轮表面的正弦幅值为 25 μm、周期为 625 μm。对于光滑抛光轮表面平均抛光间隙为 100 μm，对于粗糙抛光轮表面平均抛光间隙为 75 μm。图 5.12 和图 5.13 为不同仿真模型下抛光区域中心横截面光学元件表面的流体剪切力和流体动压分布结果。

(a) 流体剪切力

(b) 流体动压

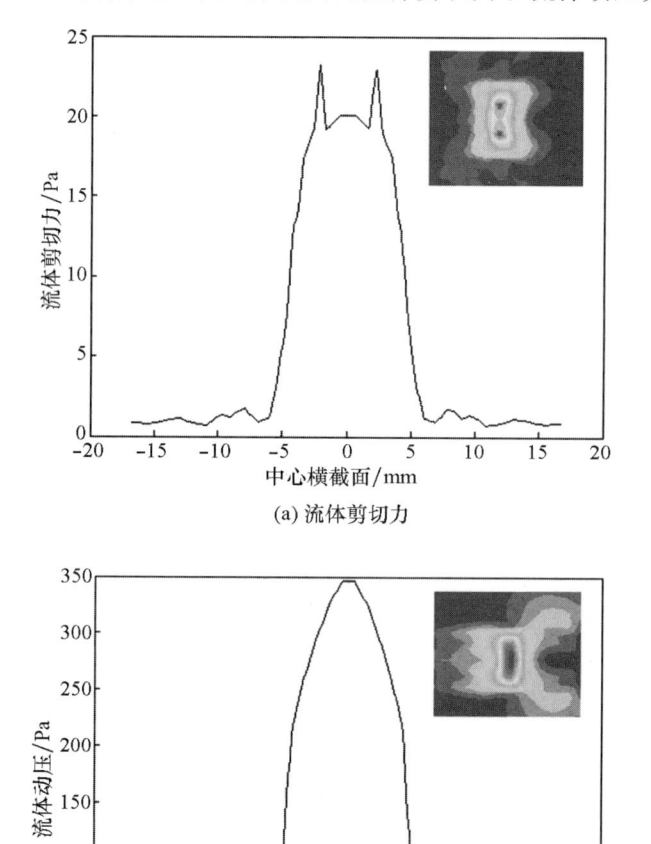

图 5.12　光滑表面抛光轮作用下光学元件表面流体剪切力和流体动压分布（见彩插）

脆性光学元件弹性域超光滑表面加工技术

(a) 流体剪切力

(b) 流体动压

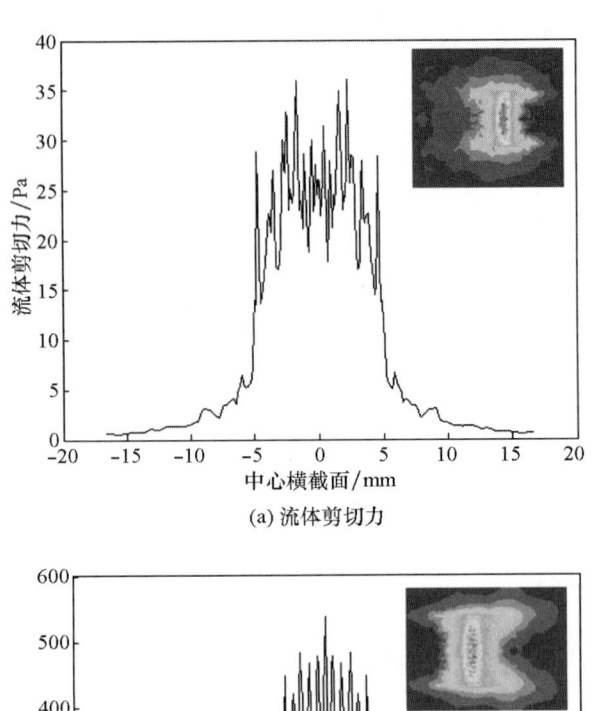

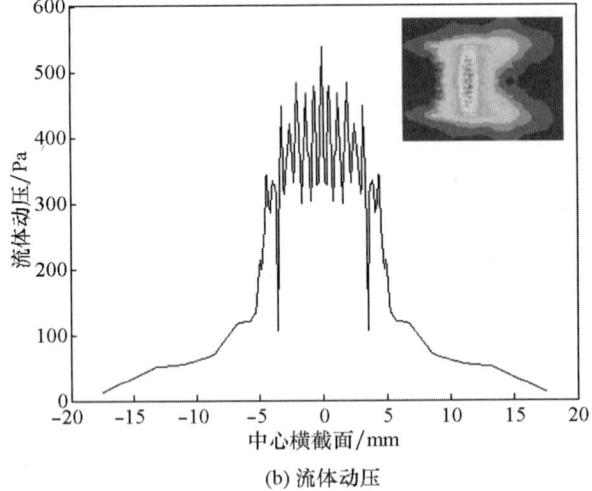

图 5.13　粗糙表面抛光轮作用下光学元件表面流体剪切力和流体动压分布（见彩插）

对比流体动力学仿真结果可以发现，理想光滑的抛光轮作用下，抛光区域光学元件表面的流体动压和剪切力分布比较连续，没有剧烈的周期性振荡；正弦波纹表面抛光轮作用下，光学元件表面的流体动压和流体剪切力存在明显的起伏波动，中心横截面处的剪切力和动压存在剧烈的周期性波动。根据流体动压超光滑加工材料去除模型可知，光学元件表面流体剪切力和流体动压的波动导致抛光区域光学元件表面去除不稳定，从而在加工表面出现周期性的定向抛光纹路。从图 5.13 可以看出流体动压的平均振荡周期约为 600 μm，而流体剪切力的平均振荡周期约为 520 μm，均比抛光轮表面正弦波纹周期 625 μm 小。这说明抛光轮表面的波纹大周期在流体动压作用下会引起光学元件表面小周期的流体动压和流体剪切力扰动。受抛光轮表面波纹振幅和周期、抛光间隙以及抛光轮转速等因素的影响，具体的对应关系比较复杂。此外，实际加工过程中抛光轮的旋转跳动误差也会对光学元件表面的流体动压和剪切力分布造成周期性扰动。因此整个系统比较复杂，受条件限制在此不做深入研究，仿真结果只做定性解释说明。由于流体动压和流体剪切力振荡周期不一致，光学元件表面定向抛光纹路周期有可能进一步缩小。这也就是图 5.9 所示加工表面抛光纹路周期明显小于图 5.10 所示抛光轮表面车削纹路周期的原因。

5.2.2 微细抛光纹路抑制策略

通过上述分析可知，抑制加工表面微细纹路最直接的途径是消除抛光轮表面波纹结构，获得尽可能光滑的表面。但是在目前已有的加工工艺条件下，在保证抛光轮高形状精度的同时，难以消除表面加工纹路，这种抑制策略代价太高而且难以实现。另一个途径是通过降低流体动压和剪切力的振荡幅值，或通过抛光轮公转对扰动效果进行均化，来实现对微细抛光纹路的抑制。下面将主要针对这两种方法进行探索。

1. 增大抛光间隙

由 5.1 节分析可知，抛光间隙是影响材料去除速率的主要因素。在材料有效去除范围内，光学元件表面流体剪切力受抛光间隙的影响明显大于抛光轮转速所受的影响。在材料有效去除范围内，流体剪切力随着抛光间隙的增加迅速减小。

图 5.14 是抛光区域中心位置粗糙表面抛光轮作用下的动压薄膜润滑模型。光学元件表面的流体剪切力可以近似用下式表示：

$$\tau = \mu \frac{R\omega}{h + h(\varphi,z)} = \mu \frac{R\omega}{h[1 + h(\varphi,z)/h]} \tag{5.3}$$

式中，h 为抛光间隙，$h(\varphi,z)$ 为表面粗糙度在抛光轮理想轮廓不同位置处的波动量。由上式可以看出，随着抛光间隙的增大，抛光轮表面粗糙度对光学元件表面流体剪切力的影响作用将逐渐减弱。因此可以通过选用相对比较大的抛光间隙,来削弱抛光轮表面波纹在加工表面的复制作用。

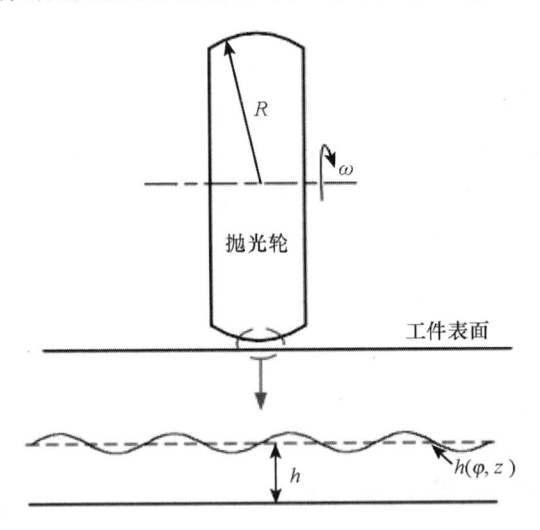

图 5.14 粗糙表面抛光轮作用下的动压薄膜润滑模型

由流体动压超光滑加工材料去除机理可知其材料去除效率很低,抛光间隙的增大会进一步削弱其材料去除效率。在传统抛光过程中,亚表面损伤层的存在是一个不可忽视的问题。这些损伤层的厚度不仅受前期工艺的影响,还与不同抛光工艺参数紧密相关。这些因素共同作用导致损伤层的厚度存在一定的差别。图 5.15 是在抛光间隙为 10 μm、抛光轮转速为 400 r/min 条件下,对一块传统抛光的石英玻璃样件 5 mm×5 mm 区域加工 3 h 后的原子力显微镜表面检测结果。

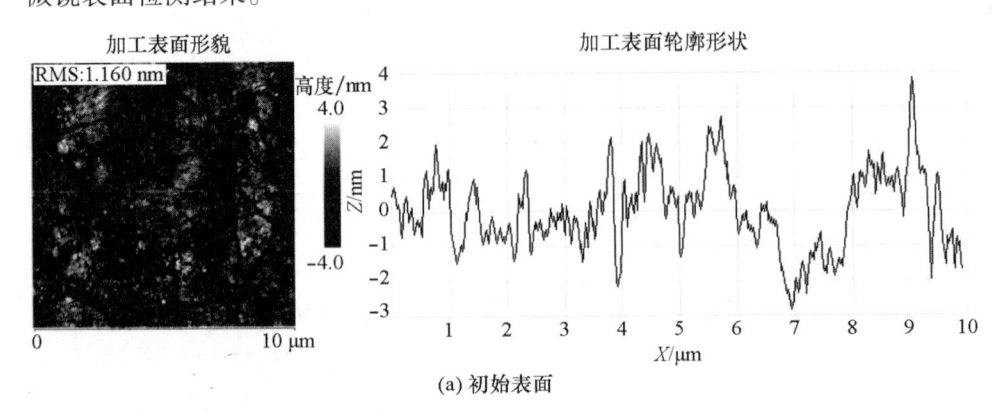

(a) 初始表面

第 5 章
流体动压超光滑加工工艺规律研究

加工表面形貌　　　　　　加工表面轮廓形状

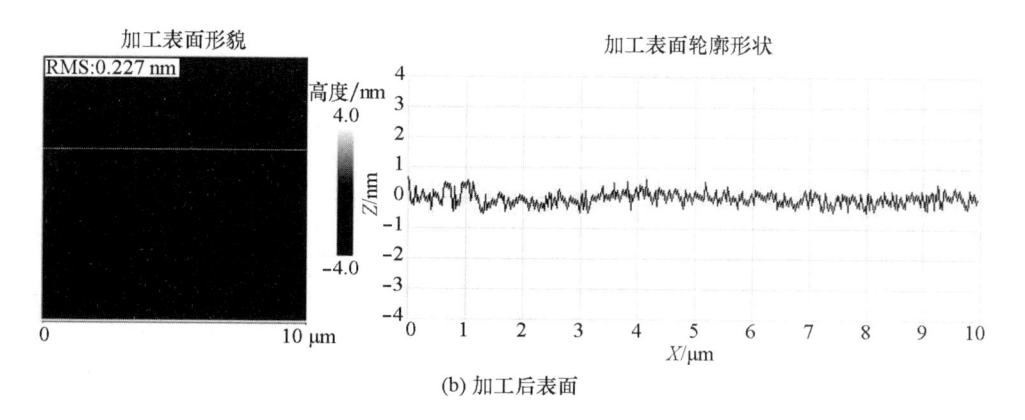

RMS:0.227 nm

(b) 加工后表面

图 5.15　流体动压对传统抛光表面加工结果

从图中可以看出，传统抛光表面存在明显的由塑性划痕、凹坑等组成的加工变质层。经过流体动压超光滑加工后，初始加工表面的塑性划痕和凹坑点明显被去除，加工后表面粗糙度 RMS 值由加工前的 1.160 nm 降至 0.227 nm。虽然相对于初始表面，表面质量明显提升，但由于流体动压超光滑加工材料去除效率低，对于初始表面的亚表面损伤层较深的划痕无法实现有效去除，在划痕附近还可以观测到明显的变质硬化层，硬化层材料去除率相对于周围其他材料去除率明显偏低，导致硬化层表面相对其他加工后表面较高。由于采用相对较小的动压抛光间隙，导致抛光轮表面的周期性加工纹路在一定程度复印到加工表面，影响了表面质量的进一步提升。

当将流体动压超光滑加工直接应用于具有较大厚度损伤层的表面超光滑加工时，大抛光间隙作用下难以实现传统抛光亚表面损伤层的有效去除。因此为了提高大间隙作用下的加工效率，在对传统抛光表面进行加工前，必须寻找高效的预抛光处理方法减少或消除亚表面损伤层的影响。离子束抛光是在真空环境中基于物理溅射效应实现材料的有效去除。由于没有物理作用力的引入，离子束加工在去除表面材料的同时不会引入亚表面损伤。因此首先利用离子束对传统加工表面进行预抛光，去除初始表面的亚表面损伤层，然后利用大间隙流体动压抛光获得超光滑表面。为验证上述方法的可行性，在自行研制的离子束抛光设备上进行离子束预抛光实验。所用的工艺参数为：入射离子能量 800 eV，束电流 25 mA。法向入射时对石英玻璃材料的体积去除速率为 7.8×10^{-3} mm^3/min。采用光栅扫描方式对传统抛光石英玻璃样件进行材料均匀去除。由于离子束抛光具有很好的加工稳定性，对 5 mm × 5 mm 区域均匀去除厚度为 500 nm 的加工时间为 1.6 min。

脆性光学元件弹性域超光滑表面加工技术

图 5.16 为离子束抛光后的表面形貌。从图中可以看出，利用离子束均匀去除 500 nm 后，传统抛光表面的变质层被完全去除，初始表面的划痕棱角钝化、宽深比变大，表面趋于平坦光滑。虽然表面粗糙度在一定程度上获得了改善，但是离子束加工无法实现表面损伤的有效去除。离子束对传统表面的加工可以用模型图 5.17 进行描述。离子束法向入射时，一方面，表面凹坑处的材料去除速率大于凸点处的去除速率，导致光学元件表面向粗糙方向发展；另一方面，随着热量的传递和存储凸点位置处的原子更容易向凹坑流动，光学元件表面向光滑方向发展[47,141]。在这两种相反的表面效应的共同作用下，离子束加工表面形成一层很薄的钝化层。传统抛光后加工表面的亚表面损伤层的厚度在 100~500 nm 之间[127-128]，离子束抛光均匀去除厚度 500 nm 后，初始的亚表面损伤层被完全去除。因此在引入流体动压超光滑加工后，采用较大抛光间隙，在相对较低的材料去除作用下实现表面钝化层的去除，进而实现光学元件表面的超光滑无损伤加工。

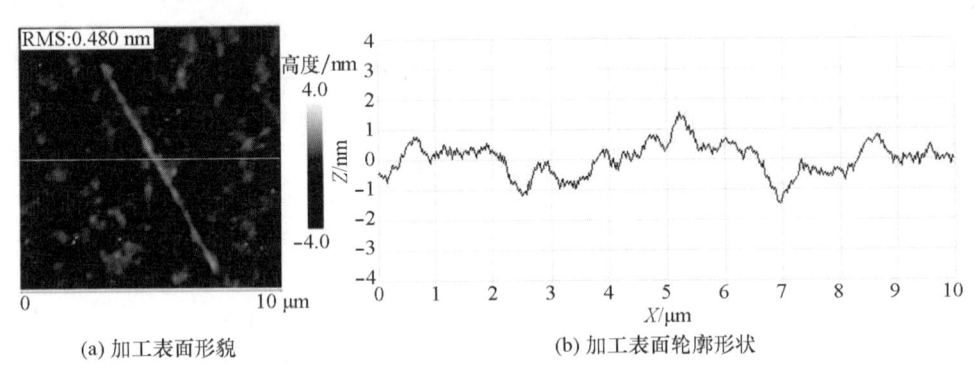

(a) 加工表面形貌　　　　　　　　(b) 加工表面轮廓形状

图 5.16　离子束对传统抛光表面的加工结果

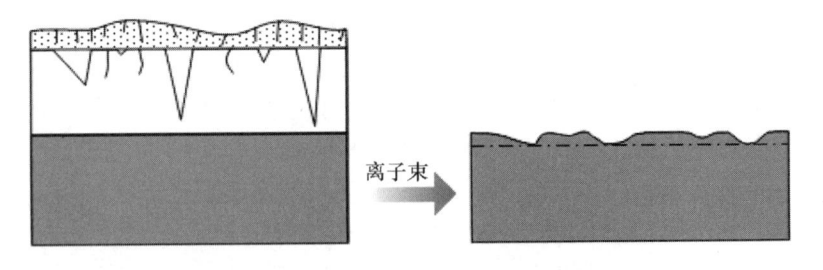

图 5.17　离子束对传统加工表面的抛光模型

利用流体动压超光滑加工在不同抛光间隙下对上述离子束预处理表面进行加工，相关加工工艺参数如表 5.1 所示。

第 5 章
流体动压超光滑加工工艺规律研究

表 5.1 流体动压超光滑加工工艺参数

实验序号	抛光轮转速/(r/min)	抛光间隙/μm	抛光区域大小($X \times Y$)/mm²	扫描速度/(mm/min)	扫描行距/μm	加工时间/h
1	400	10	5×5	300	10	3
2		25				
3		30				

图 5.18 是不同抛光间隙下离子束加工表面的结果。从图中可以看出在不同抛光间隙下，初始表面的划痕和凹凸不平结构被完全去除。随着抛光间隙的增大，微细抛光纹路逐渐被抑制。虽然加工后表面质量明显提升，但从图 5.18（a）可以看出在抛光间隙为 10 μm 时，加工表面存在明显的微细抛光纹路。通过对比图 5.18（a）和（b）发现，当抛光间隙增加到 25 μm 时，在加工表面虽然仍观测到抛光纹路，但是其特征已经在一定程度上得到了抑制；当抛光间隙增加到 30 μm 时，加工表面非常平滑，抛光纹路已经变得很不明显。加工表面质量的 RMS 值也由小间隙的 0.238 nm 减小至 0.130 nm，表面横截面轮廓显示其微观不平度基本处于同一高度水平。这主要是因为随着抛光间隙的增大，流体动压作用减弱，导致抛光轮表面周期性波纹在光学元件表面的复印效果逐渐得到抑制。

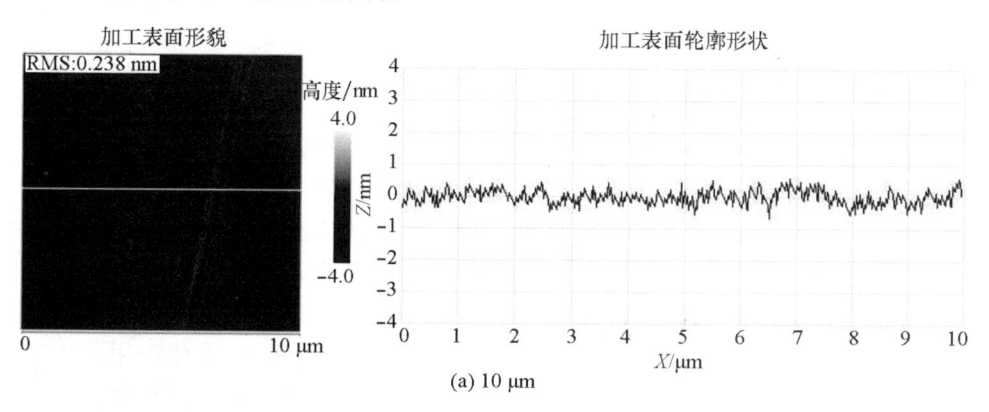

(a) 10 μm

加工表面形貌
RMS:0.164 nm

加工表面轮廓形状

(b) 25 μm

加工表面形貌
RMS:0.130 nm

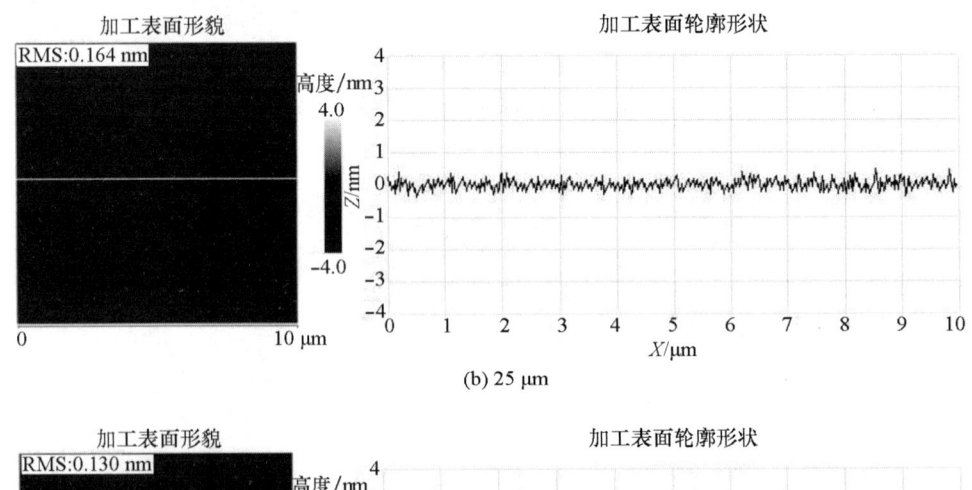

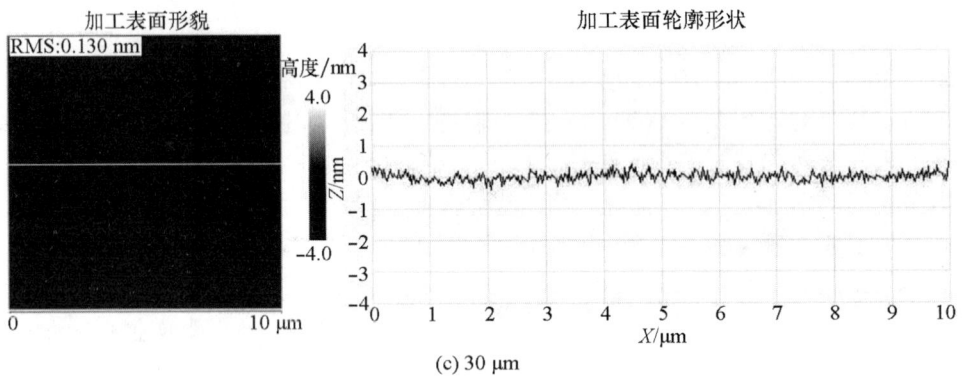

加工表面轮廓形状

(c) 30 μm

图 5.18　不同抛光间隙作用下的表面加工结果

2. 抛光轮公转的引入

在抛光轮自转的同时使抛光轮围绕加工中心点作公转运动，可以实现对抛光过程中不稳定现象的均化作用。清华大学[142-143]采用公自转运动形式的抛光轮消除了单纯自转中在磁流变液旋转运动方向引起的抛光纹路，在光学元件表面获得了较低的表面粗糙度。因此，本节实验研究抛光轮公自转运动结构对微细抛光纹路的抑制效果。

由微细抛光纹路的产生机理可知，抛光轮的公转运动的均化作用可以对抛光区域光学元件表面流体动压和剪切力的周期振动进行有效的抑制。抛光轮的公转运动需要在抛光头上新添加一个高精度转动轴 C′，如图 5.19（a）所示。流体动压超光滑加工过程中，由于需要维持稳定的抛光间隙，对 C′轴的转动精度提出了很高的要求。因此，必须对现有装置结构重新进行优化设计。为了论证其可行性，利用现有的抛光装置进行实验验证。通过 C′轴转台实现光学元件的自转运动来代替抛光轮的公转运动，但该方法的局限性是只能实现光学元件表面与转台中心对应位置的加工，如图 5.19（b）所示。

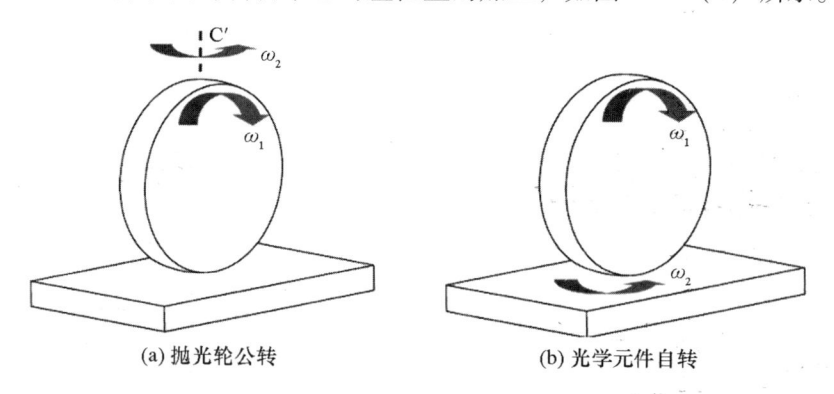

(a) 抛光轮公转　　(b) 光学元件自转

图 5.19　抛光轮公转运动模型

通过采用光学元件的自转运动来替代抛光轮的公转运动，对石英玻璃样件表面自转中心位置进行定点抛光实验。实验过程中的加工参数如下：光学元件自转转速为 5 r/min，抛光轮自转转速为 400 r/min，抛光间隙为 20 μm，定点抛光时间为 2 h。利用原子力显微镜对 10 μm×10 μm 加工区域的表面形貌进行观测，结果如图 5.20 所示。结果显示，加工表面平滑，没有发现任何微细抛光纹路。抛光后表面粗糙度的 RMS 值减少至 0.123 nm，与 30 μm 抛光间隙下加工表面粗糙度的基本持平。这说明，抛光轮的公转运动虽然在保证相对较高材料去除速率的同时可以明显抑制微细抛光纹路的产生，但也对抛光装置的结构提出了相对较高的要求。

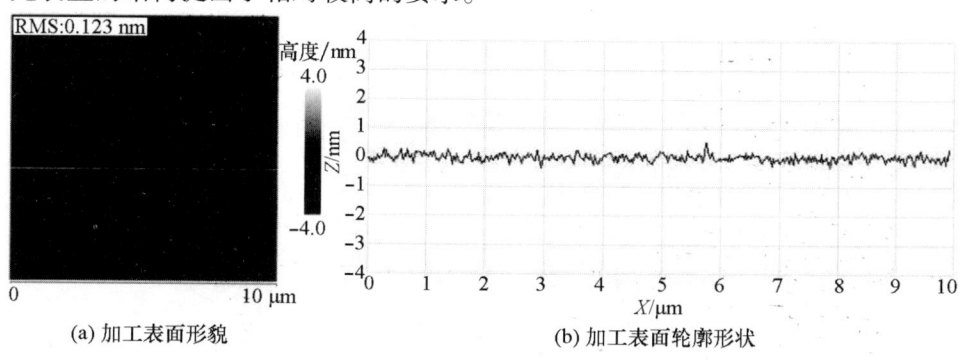

(a) 加工表面形貌　　(b) 加工表面轮廓形状

图 5.20　抛光轮公转定点加工表面的测试结果

5.3 小结

本章通过流体动力学仿真和实验研究了流体动压超光滑加工中不同工艺参数对材料去除速率的影响，对加工表面抛光纹路的产生机理进行了分析，基于其产生机理提出了不同的抑制策略，同时通过实验对策略的可行性进行了论证。主要研究结论如下：

（1）材料去除速率随着抛光轮转速的减小、抛光间隙的增大而减少，其中抛光间隙的影响作用最为显著。理论分析以及仿真结果均表明抛光轮浸没深度的变化对材料去除速率的影响非常小。

（2）在流体动压作用下，抛光轮表面周期性加工纹路会一定程度复印至光学元件表面，产生定向的微细抛光纹路。复印的对应关系受抛光轮转速、抛光间隙、抛光轮表面纹路的幅值、周期以及抛光轮旋转精度的影响，系统研究比较复杂，在此只作定性分析，没有进行具体的研究。

（3）抛光间隙的增大可以削弱抛光轮表面粗糙度对光学元件表面流体剪切力的影响，采用大抛光间隙可以抑制光学元件表面的微细加工纹路。然而，大抛光间隙会导致材料去除速率明显降低。为提高加工效率，加工前必须减少或消除初始的亚表面损伤层造成的影响。

（4）抛光轮公转运动可以对抛光轮表面周期性加工纹路的动压复印效果进行均化。实验结果表明，抛光公转运动可以在保证相对较高材料去除效率的同时，明显抑制微细抛光纹路的产生，但该方案会导致系统复杂程度的增加，对系统运动精度提出了更高的要求。

第 6 章
流体动压超光滑表面加工实验

本章通过实验探索了单晶硅、单晶石英、硅酸盐玻璃以及微晶玻璃等常见光学材料的流体动压超光滑表面可加工性，基于实验结果提出可加工性材料应具有的结构组成特点。针对目前离子束抛光和磁流变抛光两种先进的柔性光学加工方法，利用流体动压超光滑加工对上述两种方法加工表面的质量提升能力进行实验研究。在高精度表面全频域误差控制方面，结合磁流变抛光对圆形平面镜进行加工实验。最后，通过对流体动压超光滑加工表面的激光诱导损伤阈值进行实验研究，证明其在提升强激光系统中光学元件抗损伤阈值的有效性。

6.1 不同材料可加工性的实验探索

根据第 5 章优化的工艺参数：抛光轮浸没深度为 $2R/3$，抛光轮转速为 300 r/min，抛光间隙为 25 μm，抛光液选用质量分数为 20%、粒径为 20 nm 的纳米二氧化硅与去离子水组成的悬浮液。在上述参数下，由流体动压仿真计算可得，工件表面形成的最大流体动压约为 345 Pa，根据式（3.15）计算可知，加工过程中单个抛光颗粒对工件表面造成的最大法向作用力为 1.1×10^{-14} N。而在上述纳米抛光颗粒作用下，根据式（2.18）计算可得，光学元件表面的临界弹性载荷为 2.3×10^{-8} N。通过对比可知，对光学元件表面的实际法向作用力远小于光学元件表面的弹性接触载荷。因此，可以保证在加工过程中光学元件表面材料去除发生在弹性域范围内。

本节通过实验探索通过流体动压超光滑加工技术对不同类型的光学材料表面的可加工性，利用原子力显微镜对加工前后表面结构进行观察和测试，通过对结果进行对比分析，总结不同光学材料对超光滑表面的可加工性，指明流体动压超光滑加工的材料应用范围。

6.1.1 单晶硅

实验选择一块厚度为 3 mm 单晶硅片作为加工样件,加工区域大小为 15 mm×8 mm。在实验加工前,首先将硅片样件放入 5% 的 HF 溶液中浸泡 30 min,去除硅片表面的氧化层。然后用去离子水冲洗 1 min,去除残留在表面腐蚀溶液。清洗完毕后进行流体动压超光滑表面加工实验,材料去除深度约为 140 nm。最后利用原子力显微镜对加工前后的表面形貌进行观测。图 6.1 为单晶硅片的流体动压超光滑加工前后表面的测量结果。

(a) 加工前

(b) 加工后

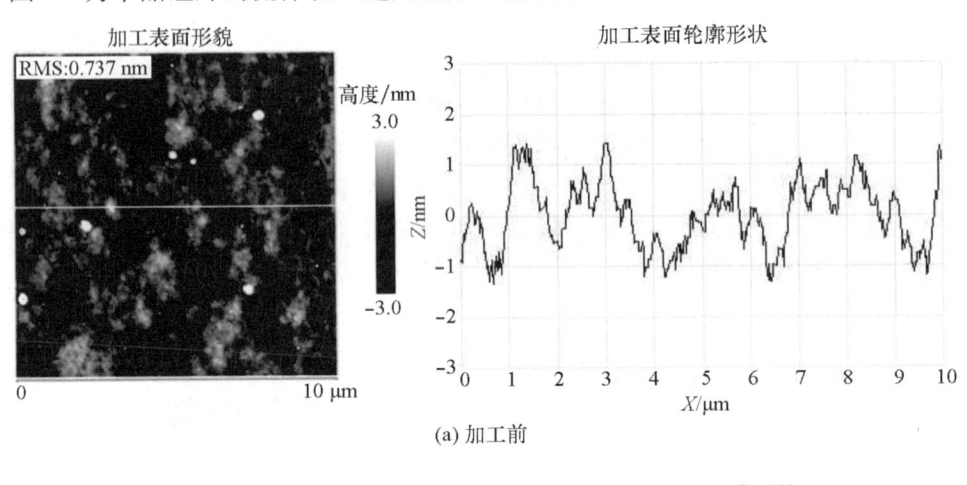

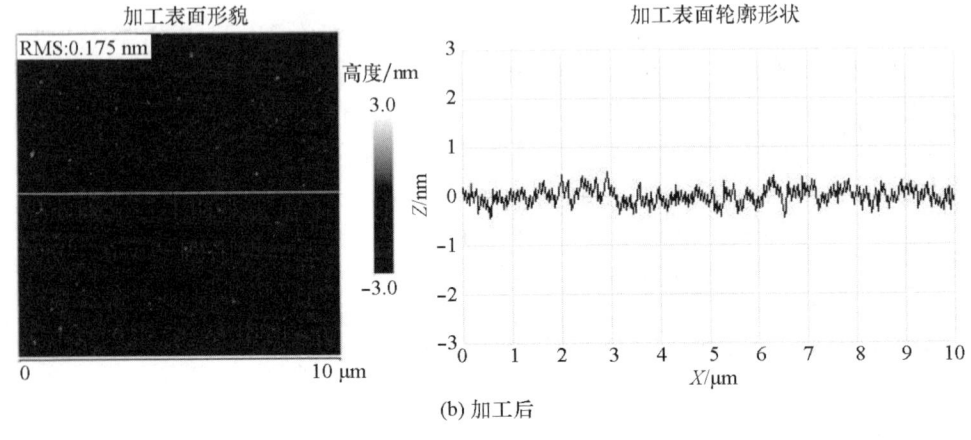

图 6.1 硅片表面的流体动压超光滑加工测量结果

第6章 流体动压超光滑表面加工实验

从图中可以看出，加工前表面凹凸不平，存在明显的大小不一的塑性坑和微细划痕。经过流体动压超光滑加工后，硅片表面的塑性坑和划痕明显被去除，表面变得非常平滑，加工后表面粗糙度的 RMS 值由 0.737 nm 减小至 0.175 nm。从表面的横截面轮廓可以看出，经流体动压超光滑加工后，硅片表面高低波动幅值被明显抑制，加工后表面微观不平度被限制在 ±0.3 nm，所有高低点基本处于同一高度水平。因此，流体动压超光滑加工技术对单晶硅片展现出了显著的超光滑表面加工能力。

6.1.2 单晶石英

为验证流体动压超光滑加工对单晶石英的加工能力，实验选择北京烁光特晶科技有限公司生产的单晶石英作为加工样件。单晶石英表面的晶面为（100），选择样件表面大小为 5 mm × 5 mm 的区域作为加工表面，材料去除深度约为 200 nm。图 6.2 为加工前后表面的测试结果。从图中可以看出，加工前表面存在明显的塑性划痕等损伤，表面微观不平度为 ±1 nm，表面粗糙度的 RMS 值为 0.490 nm。经流体动压超光滑加工后，初始表面的划痕和凸起被完全去除，表面微观不平度减少至 ±0.5 nm，表面变得非常平滑，表面粗糙度的 RMS 值减小至 0.187 nm。上述结果说明，流体动压超光滑加工技术对单晶石英展现出良好的超光滑能力。

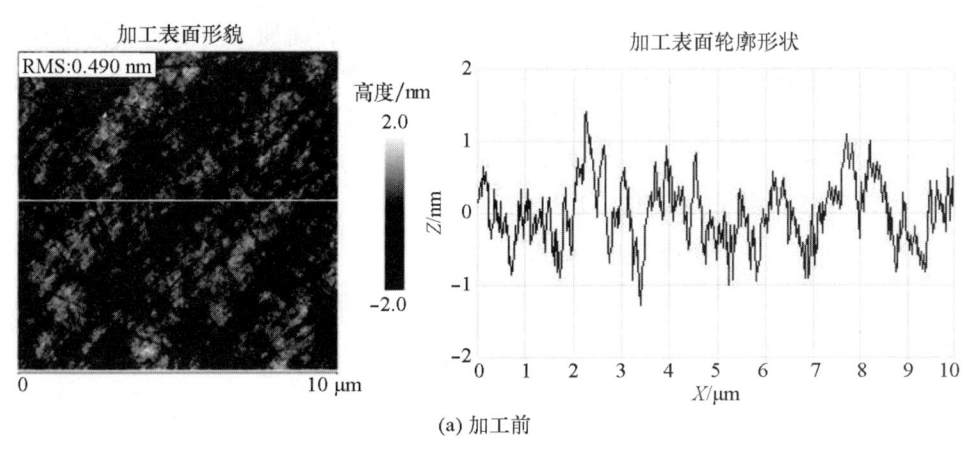

(a) 加工前

脆性光学元件弹性域超光滑表面加工技术

加工表面形貌　　　　　　加工表面轮廓形状

RMS:0.187 nm

(b) 加工后

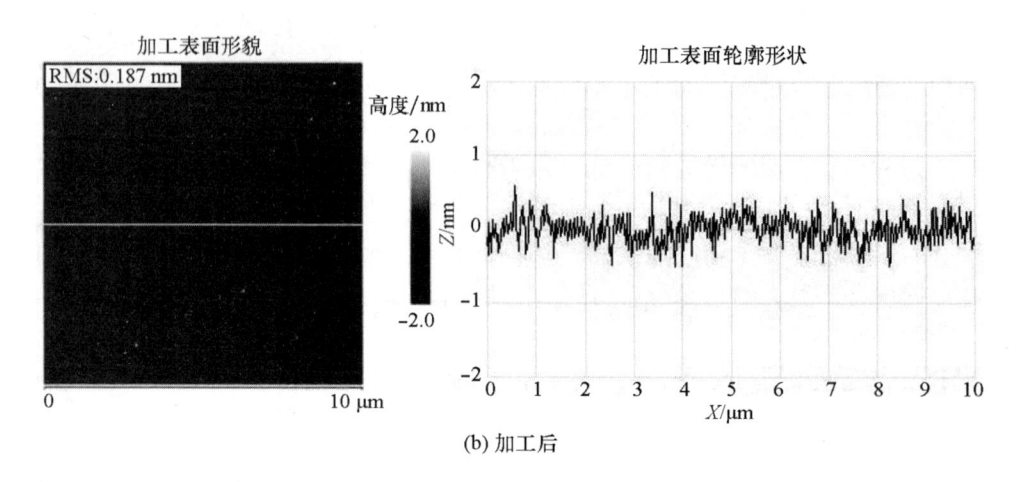

图 6.2　单晶石英表面的流体动压超光滑加工测量结果

6.1.3　非晶硅酸盐玻璃

非晶硅酸盐玻璃的主要成分为二氧化硅，因此石英玻璃是非晶硅酸盐玻璃的典型代表。本小节以石英玻璃为代表，对非晶硅酸盐玻璃的流体动压超光滑可加工性进行实验探索。将一块石英玻璃表面大小为 5 mm × 5 mm 的区域作为加工表面，材料去除深度约为 200 nm。

图 6.3 为流体动压超光滑加工技术对石英玻璃表面加工前后的观测结果。从图中可以看出，经过流体动压超光滑加工后，初始表面的机械划痕等损伤被完全去除，表面微观不平度明显降低，表面粗糙度的 RMS 值由 0.469 nm 减小至 0.157 nm。这说明，流体动压超光滑加工技术在去除石英玻璃表面机械损伤的同时对表面粗糙度也具有明显的改善作用。由于非晶硅酸玻璃具有与石英玻璃类似的成分组成，因此，可以推断流体动压超光滑加工技术对非晶硅酸盐玻璃也具有良好的超光滑表面加工能力。

(a) 加工前

(b) 加工后

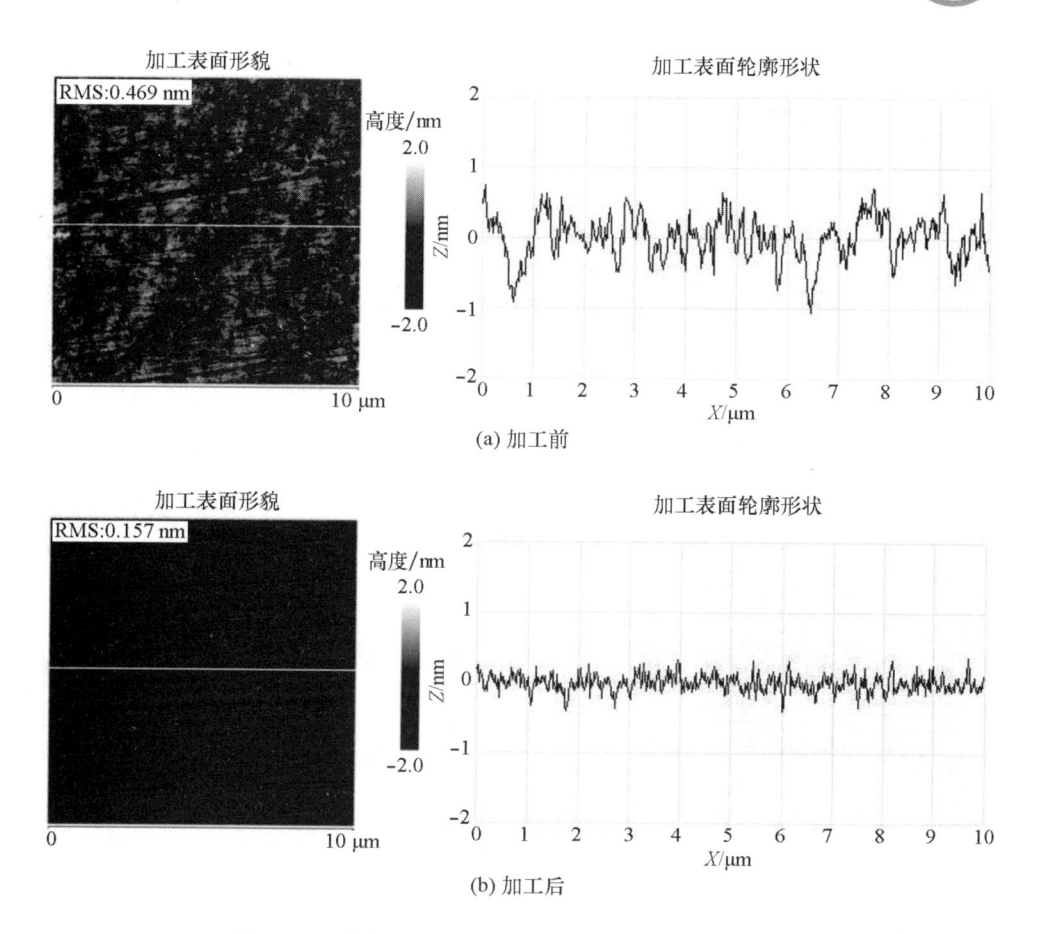

图 6.3 石英玻璃表面的流体动压超光滑加工测量结果

6.1.4 微晶玻璃

　　微晶玻璃是由晶体相和玻璃相组成的复合相材料。晶体相由细小晶粒构成晶体结构，细小晶粒均匀分布在非晶的玻璃相中。不同的微晶玻璃由于制作工艺的差异，晶粒大小不同，一般晶粒的尺寸为 50 nm 左右[144]。微晶玻璃中的晶体相为负的热膨胀材料，而玻璃相为正的热膨胀材料，通过控制两相比例，微晶玻璃具有很好的热稳定性，因此微晶玻璃在天文望远镜、激光陀螺反射镜等领域都具有广泛的应用。本小节通过实验，探索流体动压超光滑加工技术对微晶玻璃的超光滑表面加工能力。实验选用德国肖特公司生产的微晶玻璃作为实验样件，对其表面 5 mm × 5 mm 区域进行加工，材料均匀去除厚度约为 160 nm。

图 6.4 为流体动压超光滑加工技术对微晶玻璃表面加工前后的观测结果。从测试结果可以看出，虽然经流体动压超光滑加工后初始表面的微细划痕被去除了，但表面微观不平度并没有得到改善，反而在一定程度上有所增加。从数值上看，加工后表面粗糙度的 RMS 也有所增加，由 0.213 nm 增加到 0.321 nm。微晶玻璃结构组成可以用图 6.5 所示的模型表示。这主要是由于玻璃相和晶体相材料结构特性不一样，导致加工过程中二者之间的材料去除速率存在差异。随着加工的不断进行，玻璃相和晶体相的高度差将越来越显著，使表面微观不平度越来越明显，从而导致表面变得相对不平滑。

(a) 加工前

(b) 加工后

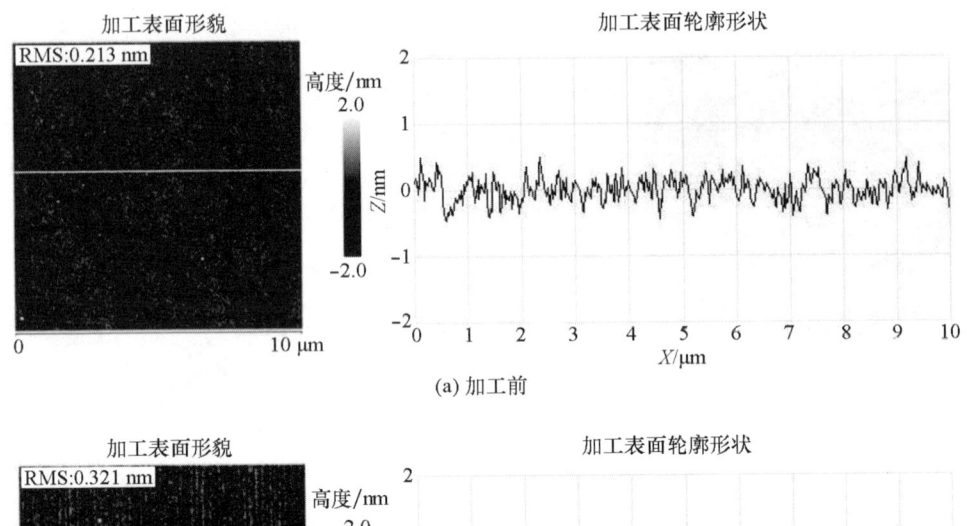

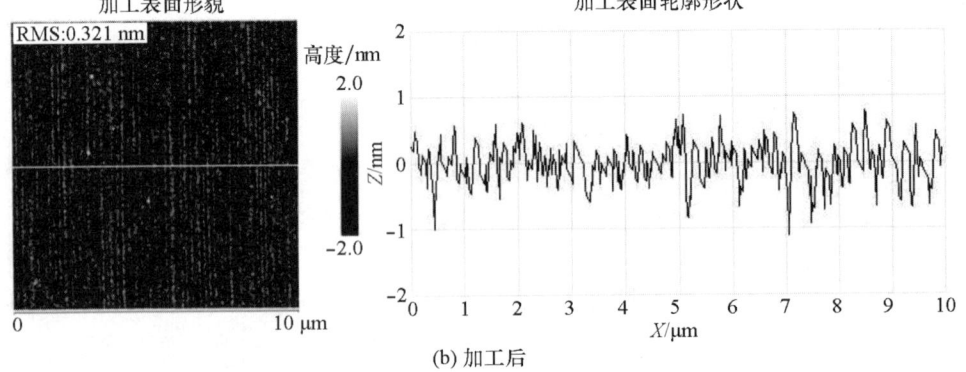

图 6.4　微晶玻璃表面的流体动压超光滑加工测量结果

第 6 章
流体动压超光滑表面加工实验

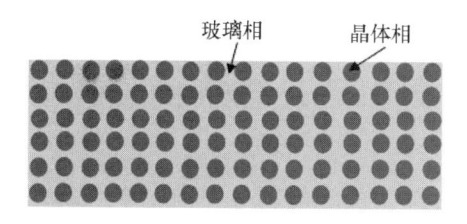

图 6.5 微晶玻璃结构模型

实验结果表明，由于晶体相和玻璃相材料去除的差异，流体动压超光滑加工不适合对具有复合相的微晶玻璃进行加工。由前述分析可知，流体动压超光滑加工对单晶硅、单晶石英以及非晶硅酸盐玻璃都具有很好的加工能力，主要是因为这三种材料结构分布均匀，都具有单一的晶体相或玻璃相结构。因此，为了实现微晶玻璃的超光滑加工，可以对微晶玻璃表层进行改性处理，将近表层材料改性成只具有单一构成相。电子束表面非晶体化处理技术使用聚焦的高能电子束在极短时间内对光学元件表面进行辐照，使其近表层快速熔化和冷却，形成很薄的非晶体层[145]。日本大阪大学的 Mori[146] 利用电子束辐照成功实现了微晶玻璃表面的非晶体化处理，辐照表面观测不到晶体相。另一种表面改性技术是在光学元件表面均匀镀上一层具有单一构成相的材料。Liao 等人[50] 在离子束加工中，通过给微晶玻璃表面分别镀上单晶硅和非晶玻璃，获得比较光滑的加工表面。因此，为了实现流体动压超光滑加工对微晶玻璃的适用性，可以根据不同应用需求采用上述两种表面改性方法对微晶玻璃进行处理，从而使表面材料具有单一构相。具体改性过程如图 6.6 所示。

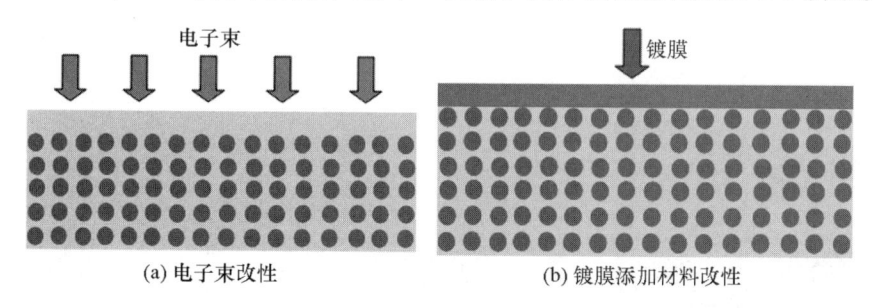

(a) 电子束改性　　　　　　　　(b) 镀膜添加材料改性

图 6.6 微晶玻璃表面改性示意图

受条件限制，此处没有进行后续的实验研究。流体动压超光滑加工对单一相的晶体和非晶体材料都具有优良的超光滑表面能力，因此，可以推断对微晶玻璃表面进行改性处理后，也可以实现超光滑表面加工。

· 121 ·

6.2 不同前期工艺表面质量提升实验

由前述章节分析可知，传统加工过程中由于亚表面损伤层的存在，流体动压超光滑加工以较低的材料去除效率很难实现表面质量的高效提升。离子束加工和磁流变加工作为新兴的柔性抛光技术，在高效去除表面材料的同时不会造成亚表面损伤。因此，利用这两种抛光工艺去除传统抛光的亚表面损伤层可以有效提升流体动压超光滑加工的效率。针对这两种实验的前期处理工艺，利用流体动压超光滑加工技术对其加工表面进行表面质量提升实验。在优化工艺参数下，采用光学元件自转代替抛光轮公转的方式对光学元件表面旋转中心区域附近进行超光滑表面加工，光学元件公转的转速为 5 r/min。光学元件材料为石英玻璃，加工过程中材料平均去除深度约为 100 nm。利用原子力显微镜对加工前后的表面形貌进行观测。

6.2.1 离子束加工

离子束加工表面微观形貌如图 6.7（a）所示，表面存在明显凹凸不平的结构，表面微观不平度在 ±1 nm，表面粗糙度的 RMS 值为 0.331 nm。流体动压超光滑加工表面如图 6.7（b）所示，初始表面凹凸不平结构被完全去除，表面微观不平度明显降低，获得了表面粗糙度的 RMS 值为 0.122 nm 的超光滑表面。实际加工过程中，光学元件的旋转中心与抛光轮的最低点存在一定偏差，因此，在加工表面可以观测到微弱的微细抛光纹路。加工后，表面质量

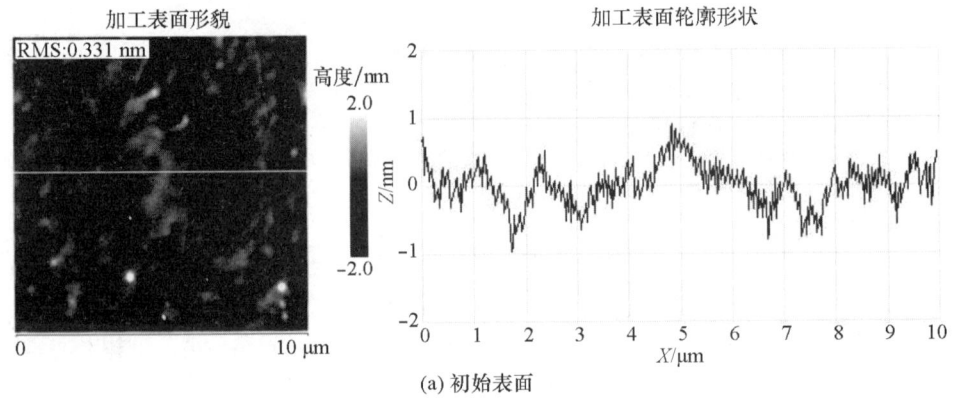

(a) 初始表面

加工表面形貌

RMS:0.122 nm

加工表面轮廓形状

(b) 加工后

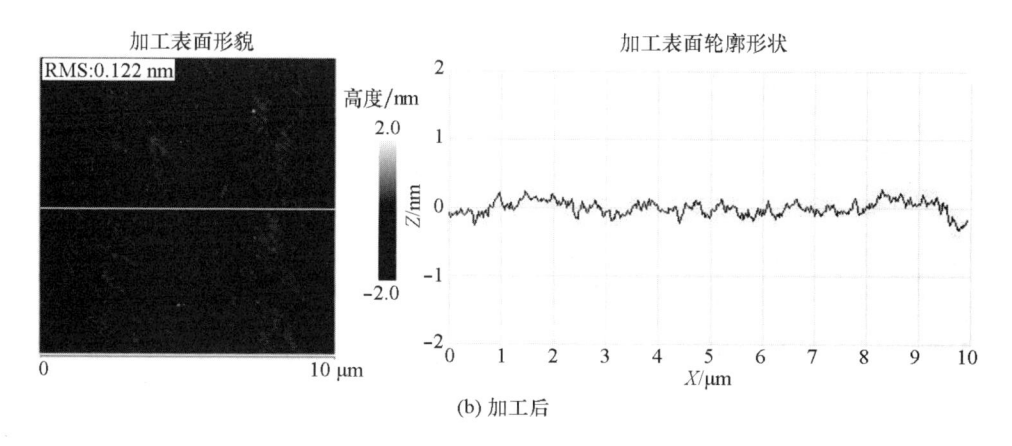

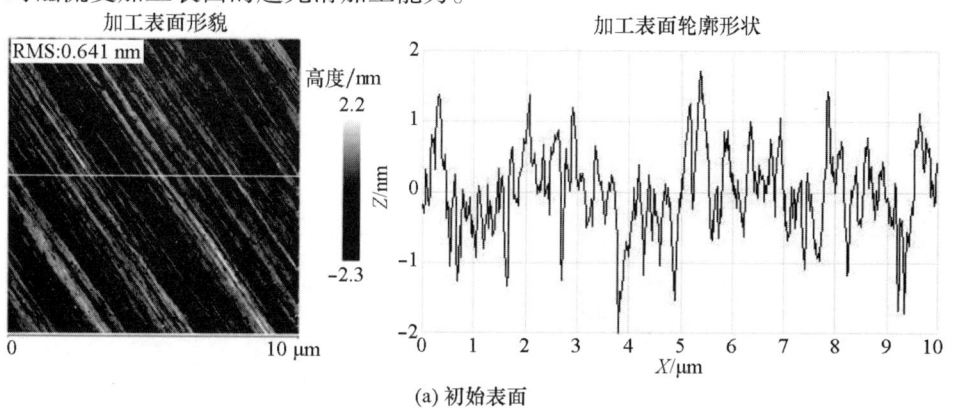

图 6.7　流体动压超光滑加工技术对离子束加工表面质量的提升结果

的迅速提升说明流体动压超光滑加工技术对离子束加工表面具有良好的超光滑能力。

6.2.2　磁流变加工

图 6.8 为流体动压超光滑加工技术对磁流变加工表面加工前后的微观形貌观测结果。从图中可以看出，初始表面存在明显的磁流变定向塑性抛光纹路，表面微观不平度在 ±2 nm，表面粗糙度的 RMS 值为 0.641 nm。经过流体动压超光滑加工后，初始表面的抛光纹路被完全去除，表面平整，截面轮廓表明表面高低点基本在同一高度水平。这也验证了流体动压超光滑加工技术对磁流变加工表面的超光滑加工能力。

加工表面形貌

RMS:0.641 nm

加工表面轮廓形状

(a) 初始表面

脆性光学元件弹性域超光滑表面加工技术

加工表面形貌　　　　　　加工表面轮廓形状

RMS:0.119 nm

(b) 加工后

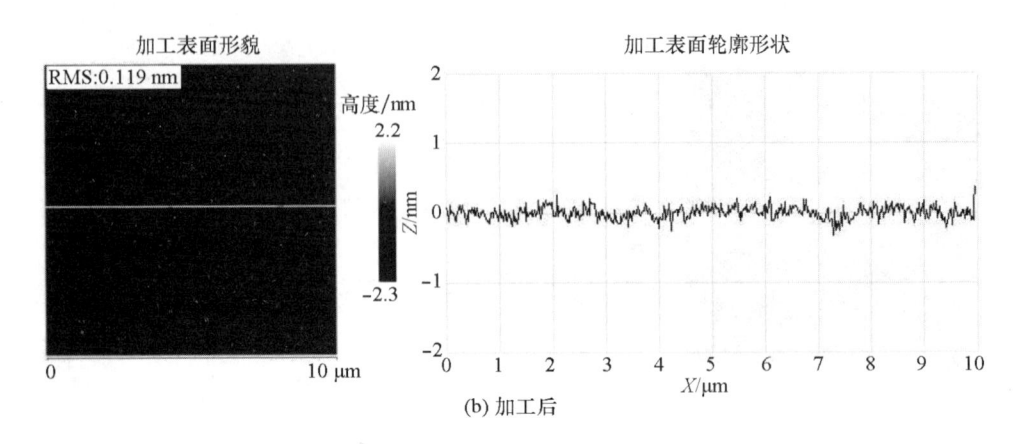

图 6.8　流体动压超光滑加工对磁流变加工表面质量的提升结果

6.3　圆形平面镜全频域控制实验

现代光学系统的发展对高精度光学元件提出了很高的要求,不仅要求具有极低的低频面形误差,还要求具有极高的表面、亚表面质量。实际加工过程中,难以用同一种加工方法实现对全频误差的控制。一方面,确定性修形加工技术在提升低频面形精度的同时会对表面质量造成破坏;另一方面,传统的超光滑表面加工方法又会导致低频面形误差的增加。目前,主要通过确定性修形加工与超光滑加工反复迭代来实现对高精度光学元件的加工。结合磁流变抛光进行确定性修形,利用流体动压超光滑加工对一块圆形石英玻璃平面进行超光滑表面加工实验,以验证流体动压超光滑加工技术在保持低频面形精度的同时,可以明显抑制中高频表面的粗糙度。实验工艺流程如图 6.9 所示。首先,利用磁流变抛光技术对初始表面进行确定性抛光,提升低频面

初始表面 → 磁流变确定性修形 → 流体动压抛光 → 高精度表面

提升低频面形的精度　　　保持低频面形的精度、提升中高频表面质量

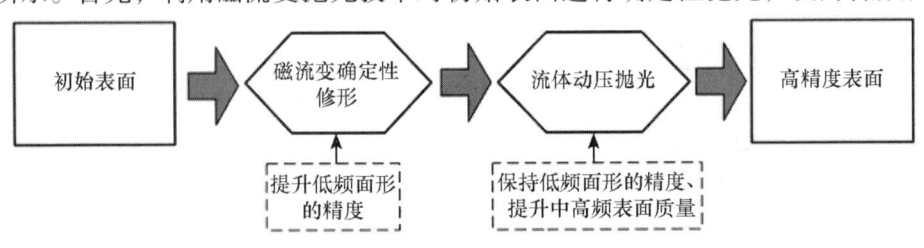

图 6.9　全频域表面误差控制工艺流程图

形精度；然后，利用流体动压超光滑加工技术对样件表面进行超光滑加工，使其在保持低频面形精度的同时，抑制中高频表面粗糙度，从而实现样件表面全频误差的控制，达到高精度加工的目的。

为了保证前道工序低频面形的精度，在超光滑表面加工过程中必须尽量控制表面各点的驻留时间一致。因此，在加工过程中必须采用均匀扫描的加工路径。圆形平面镜的有效口径为 24 mm，综合考虑材料去除速率以及超光滑表面能力，流体动压在现有抛光装置基础上采用较大抛光间隙进行超光滑表面加工。抛光间隙选择 25 μm，加工路径设定为均匀光栅扫描，加工时间约为 20 h。在流体动压超光滑加工过程中，光学元件装夹时尽量保持磁流变抛光纹路方向与抛光轮的旋转轴平行。

为了对不同频率范围内的表面误差进行检测，基于测量设备不同的横向分辨率，实验采用 ZYGO 公司生产的激光波面干涉仪（ZYGO XP/D 1000）对低频面形进行测量，横向分辨率为 57.4 μm；采用 ZYGO 公司生产的三维形貌轮廓仪（ZYGO New View 700）对中频表面粗糙度进行测量，物镜采用的是 50X 镜头，测试区域大小为 0.19 mm×0.14 mm，横向分辨率为 0.293 μm；采用 Bruker 公司生产的原子力显微镜对高频表面粗糙度进行测量，扫描区域为 10 μm×10 μm，横向分辨率为 0.019 5 μm。

6.3.1 低频面形控制

利用 ZYGO 波面干涉仪对不同加工工艺前后的面形进行测量，结果如图 6.10 所示。加工结果显示，初始表面经过 1.5 h 的多次磁流变确定性修形后，低频面形精度由初始的 PV 1.740λ、RMS 0.415λ 快速降低至 PV 0.300λ、RMS 0.031λ，低频面形误差得到很大收敛。经过流体动压超光滑加工后，从数值和表面形貌上看，面形精度与结构分布几乎没有变化。这说明流体动压超光滑加工技术对初始面形精度具有优良的保持能力。对比不同加工阶段的功率谱密度（power spectral density，PSD）曲线可知，经过磁流变抛光后，低频面形误差在测量范围内的各个频段都得到很大程度的改善；磁流变抛光和流体动压超光滑加工表面的 PSD 曲线基本重合，说明流体动压超光滑加工并未破坏初始面形。

对比图 6.10（b）和（c）可以看出，经流体动压超光滑加工的表面中心变"凹"了。这主要是由于流体动压超光滑加工过程中，光学元件装夹采用的是螺钉预紧的固定方式，如图 6.11（a）所示。为防止光学元件松动，在装

脆性光学元件弹性域超光滑表面加工技术

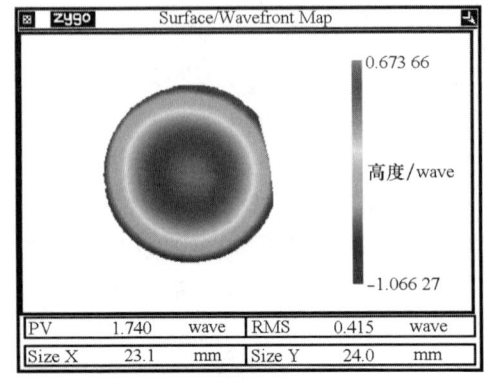

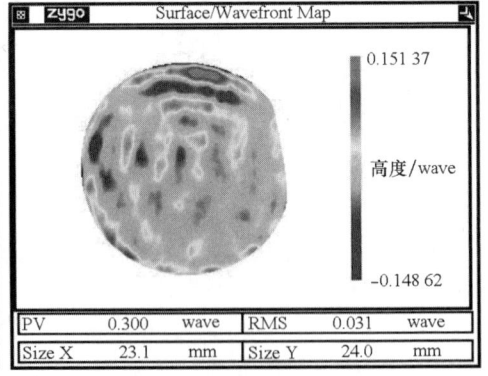

(a) 初始表面

(b) MRF加工

(c) 流体动压超光滑加工

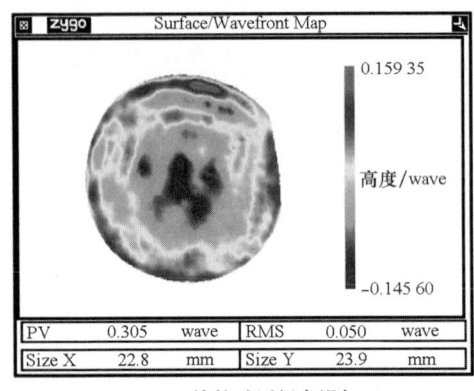

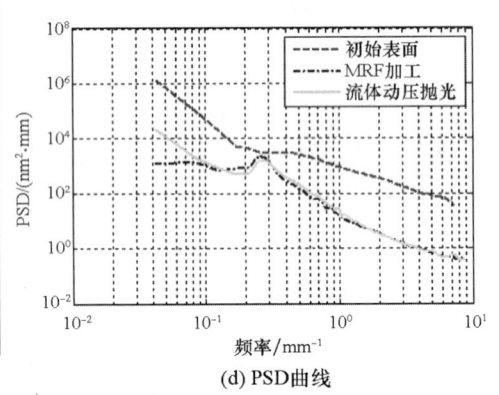

(d) PSD曲线

图 6.10 不同阶段低频面形误差以及相应 PSD 曲线分析（见彩插）

夹过程中加大预紧装夹力，导致光学元件产生如图 6.11（b）所示的微小弹性变形，致使中间凸起，从而使得抛光过程中抛光间隙不均匀，光学元件表面中心位置的间隙变小，材料去除量增加。

通过减少预紧装夹力或优化装夹方式可以完全消除由于光学元件变形误差造成的影响。图 6.12 是减少预紧装夹力后流体动压超光滑加工技术对另一块样件表面加工前后的低频面形测量结果。从图中可以看出，无论是数值还是面形分布，加工前后基本一致。这也说明了流体动压对低频面形具有优良的保持性能。

第6章
流体动压超光滑表面加工实验

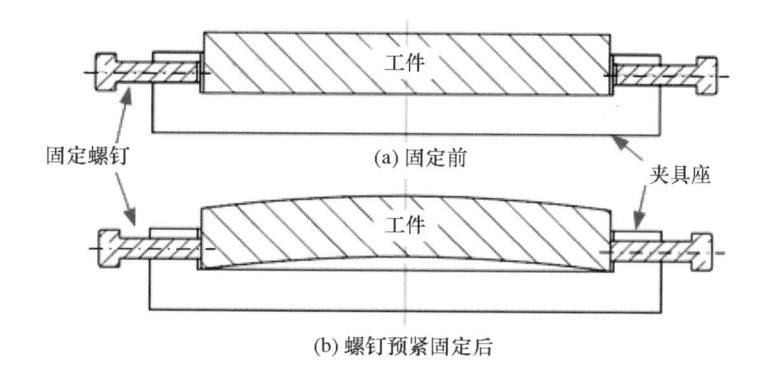

图 6.11 流体动压超光滑加工中预紧装夹力对光学元件变形影响示意图

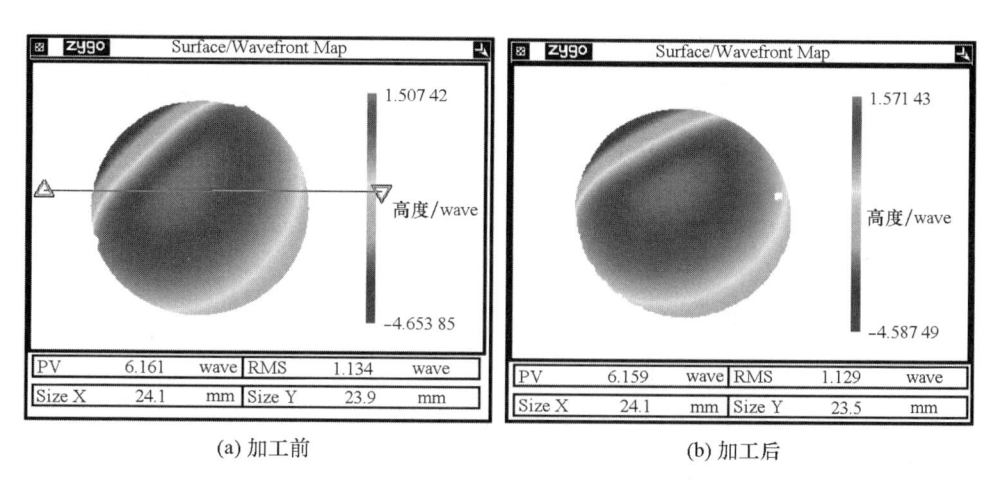

图 6.12 小装夹力作用下流体动压超光滑加工前后表面面形（见彩插）

6.3.2 中频粗糙度控制

图 6.13 是利用 ZYGO New View 700 对不同加工阶段表面的中频表面粗糙度的测量结果以及相应的 PSD 曲线。从数值上可以发现，经过磁流变加工后表面粗糙度的 RMS 值有所增加，从 0.407 nm 增加到 0.587 nm；在结构上，加工表面存在明显的定向磁流变抛光纹路，表面质量变差。经流体动压超光滑加工后，表面粗糙度 RMS 值降低至 0.270 nm，表面的磁流变抛光纹路被完全去除，表面质量明显提升。通过对比分析 PSD 曲线可得，经过磁流变加工

后，由于定向抛光纹路的引入，26.7 mm^{-1}~453.9 mm^{-1}的中频误差明显增加。PSD 曲线在一些特定频率上存在明显尖峰，这主要是定向磁流变抛光纹路的引入导致的中频粗糙度误差的增加。经流体动压超光滑加工后，表面的 PSD 曲线在特定处频率的尖峰完全消失，曲线变得平滑，同时可以发现中频误差得到明显改善。这说明磁流变抛光纹路被完全去除后，中频表面粗糙度改善效果明显。

(a) 初始表面

(b) MRF加工

(c) 流体动压超光滑加工

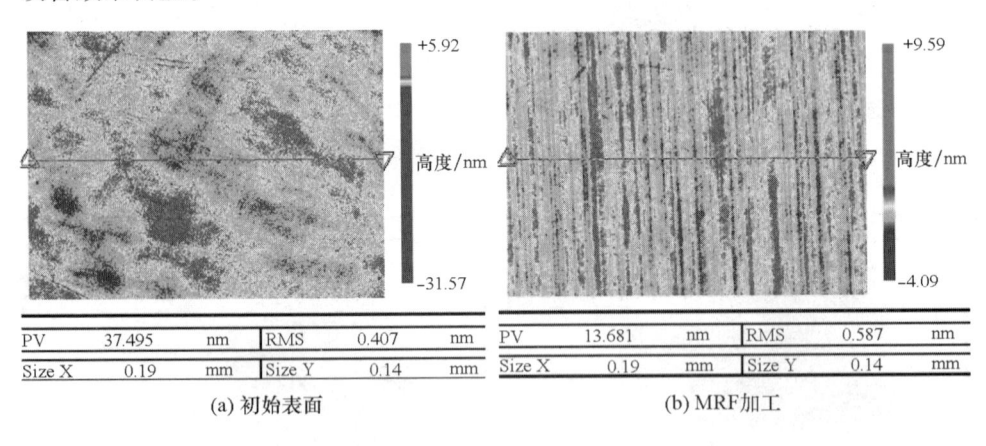

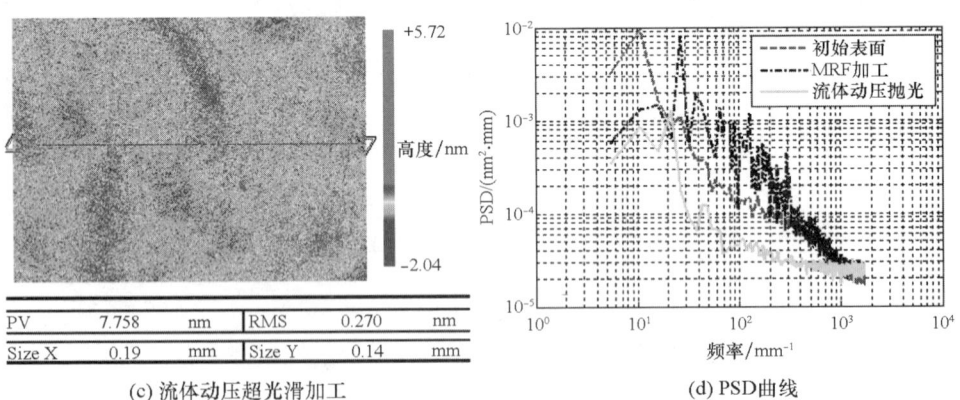

(d) PSD曲线

图 6.13 不同阶段中频粗糙度及相应的 PSD 曲线分析（见彩插）

6.3.3 高频粗糙度控制

图 6.14 是利用原子力显微镜对高频表面粗糙度的测量结果。初始表面存在很多微细划痕，表面粗糙度的微观不平度在 ±2 nm 左右波动。表面的微细划

第 6 章
流体动压超光滑表面加工实验

(a) 初始表面

(b) MRF加工

(c) 流体动压超光滑加工

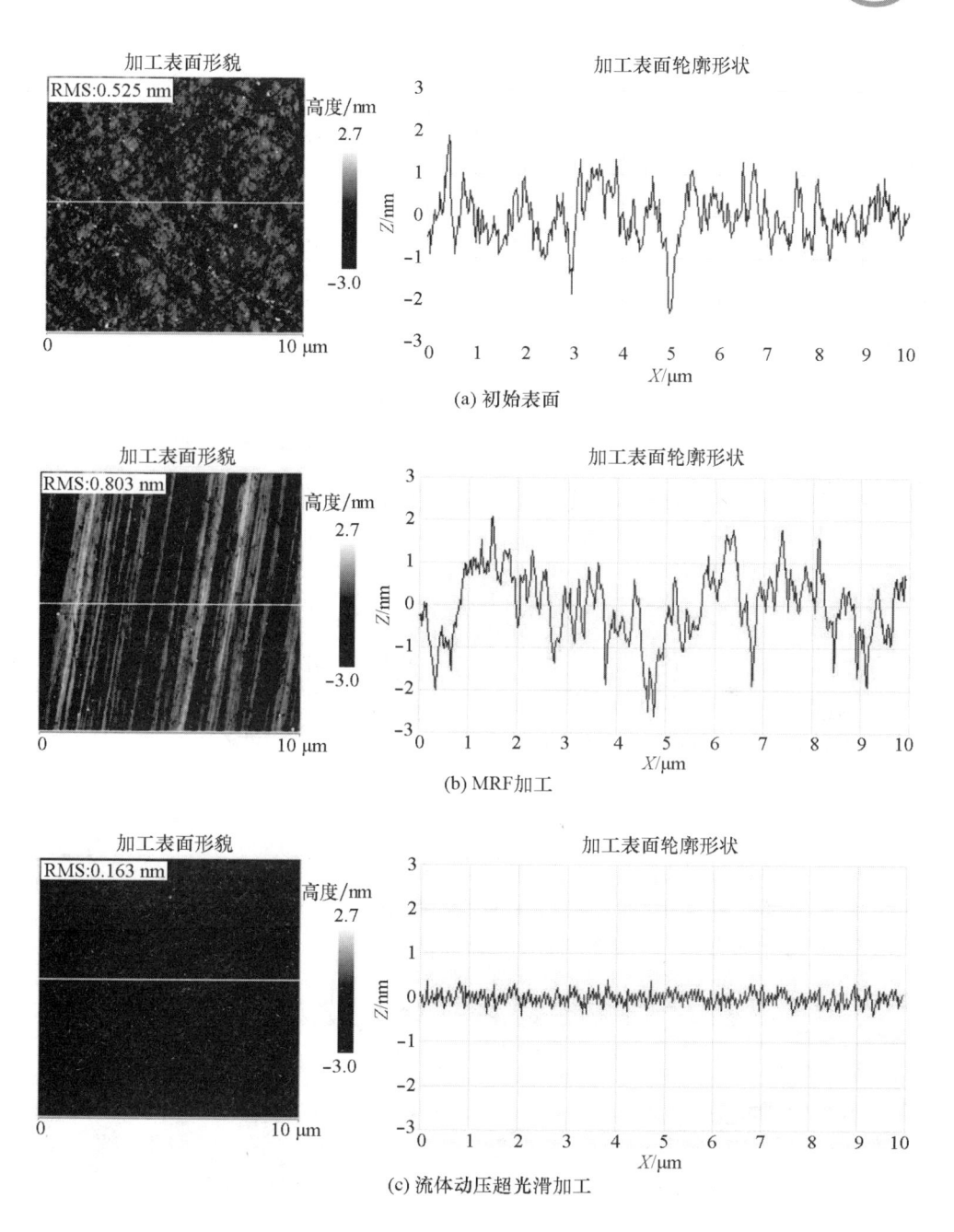

图 6.14 不同加工阶段高频表面粗糙度测量结果

痕被磁流变加工后，被抛光颗粒沿抛光轮旋转方向留下的塑性抛光纹路所取代，表面粗糙度的微观不平度增至±3 nm左右，同时高频表面粗糙度的RMS值由0.525 nm增加到0.803 nm。经流体动压超光滑表面加工后，磁流变抛光留下的塑性划痕完全被去除掉，表面的高低起伏基本处于同一高度水平，表面粗糙度RMS值降低至0.163 nm，实现了原子级高频表面粗糙度的加工。

图6.15是不同加工阶段高频表面粗糙度的PSD曲线对比。从图中可以看出，磁流变抛光后，由于定向塑性划痕的出现，导致PSD曲线在不同特定频率上产生了尖峰，高频误差在一定程度上有所增加。流体动压超光滑加工表面的PSD曲线明显低于初始表面和磁流变加工表面的PSD曲线，说明经流体动压超光滑表面加工后，表面误差在高频波段得到了明显的改善。这也验证了流体动压超光滑加工优异的超光滑能力。

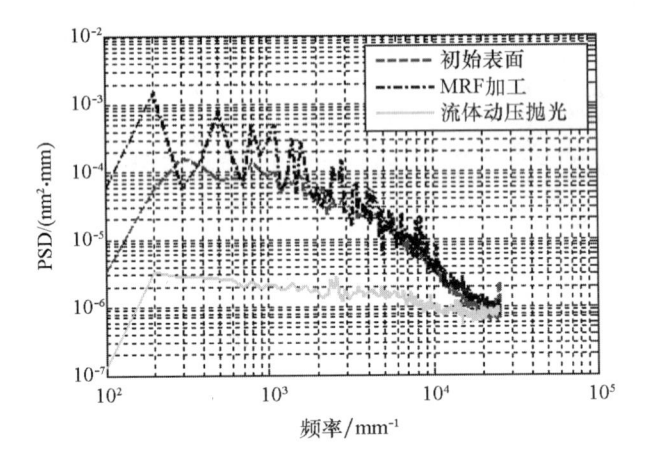

图6.15 不同加工阶段的高频粗糙度PSD曲线分析（见彩插）

6.4 石英玻璃激光诱导损伤阈值提升初步实验

在强激光光学系统中，光学元件表面和亚表面损伤是导致激光损伤阈值降低的主要诱因。本节进行石英玻璃的激光诱导损伤阈值测试初步实验，通过对比分析以验证流体动压超光滑加工对表面质量的优异提升能力。

第6章
流体动压超光滑表面加工实验

6.4.1 测试系统

图 6.16 为激光诱导损伤阈值测试原理的简单示意图。激光器发出特定波长的激光，经过衰减片组后通过聚焦透镜将激光束聚焦到测试件表面上。分光镜对入射激光束进行取样，通过能量计对取样激光束能量的测量值来计算入射至测试件表面的激光束能量。由于激光诱导损伤大多发生在测试件的后表面或近后表面，因此将电荷耦合器件（charge coupled device，CCD）相机聚焦于后表面，通过分析 CCD 图像来判断是否有损伤产生。

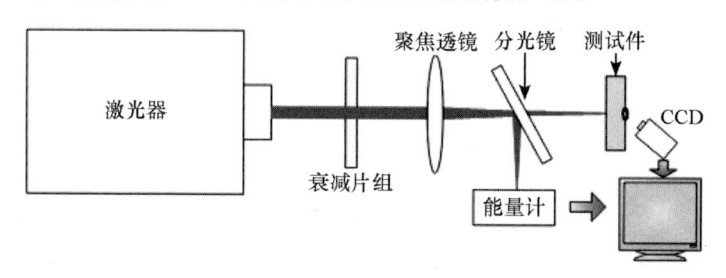

图 6.16 损伤阈值测试原理图

实验中所用的激光器为北京镭宝公司生产的 Nimma 600 激光器，所发射的激光波长为 1 064 nm，激光束的脉冲时间为 10 ns，聚焦激光束的光斑直径约为 250 μm。

本小节采用"1 on 1"的方法对测试件表面的不同位置进行损伤阈值测试。设定好激光的辐照能量，使激光对测试件表面的不同位置进行辐照。无论损伤是否发生，每个位置仅接受辐照一次，记录下不同位置的损伤情况。对不同激光能量密度下的损伤概率进行计算，定义损伤概率为该能量密度下损伤点数量与测试点总数的比值：

$$损伤概率 = \frac{损伤点数量}{测试点总数} \times 100\%$$

同一能量密度下，辐照点的数量不少于 10 个。改变激光辐照能量便可得到一系列不同能量密度下的损伤概率。绘制损伤概率与能量密度的相互关系图，对数据点进行直线拟合，拟合直线与能量密度轴的交点即为测试件的零概率损伤阈值，即激光诱导损伤阈值[147-148]。

6.4.2　结果与分析

为了便于对比分析，实验选用两块尺寸均为 30 mm×30 mm×10 mm、品质相同的贺利氏石英玻璃作为测试样件，分别标记为样件 1 和样件 2。两块样件采用相同的磁流变预抛光手段进行前期处理。使用流体动压超光滑加工技术对样件 2 进行加工，流体动压超光滑加工的材料去除深度约为 100 nm，可以明显去除表面缺陷，获得极低的表面粗糙度；样件 1 作为对比表面不进行后续加工处理。利用原子力显微镜对样件 1 和样件 2 对表面进行观测，其观测结果如图 6.17 所示。通过对比可以发现，样件 2 表面的磁流变抛光纹路被完全去除，表面粗糙度明显降低。利用 HF 后处理技术对两块样件刻蚀 200 nm 以去除表面残留杂质等污染。

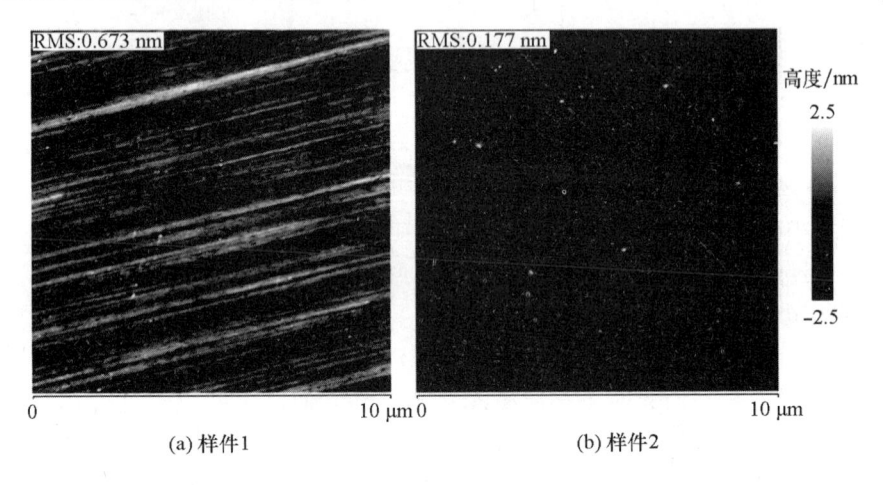

(a) 样件 1　　　(b) 样件 2

图 6.17　样件 1 和样件 2 表面的原子力显微镜观测结果

图 6.18 为经过和未经过流体动压超光滑加工样件的激光诱导损伤阈值测试结果。从图中可以看出，经流体动压超光滑加工后，样件的激光诱导损伤阈值有明显的提升，由 29.78 J/cm² 增加到 45.47 J/cm²。受阈值测试光路、激光器功率以及测试环境的影响，不同的打靶场合得到激光阈值很可能不一样，不具有可比性[149]，因此本次打靶具体的激光阈值数值仅用作对比分析。通过对比分析可知，流体动压超光滑加工表面阈值明显提升。这主要是因为流体动压超光滑加工一方面可以有效去除样件表面和亚表面的缺陷，从而获得无损伤表面，提升样件表面的抗激光损伤能力；另一方面具有优异的表面平滑

能力，加工后表面粗糙度明显降低，利于激光损伤阈值的提升。这也说明了流体动压超光滑加工可以极大地提高加工表面质量。限于实验测试条件，本小节仅进行初步的验证性实验。由于受测试样件品质、表面清洁状态的些许差别以及测试次数的限制，对阈值具体的提升能力（阈值提升倍数）还需要通过后续更大量的重复性实验进行确定。

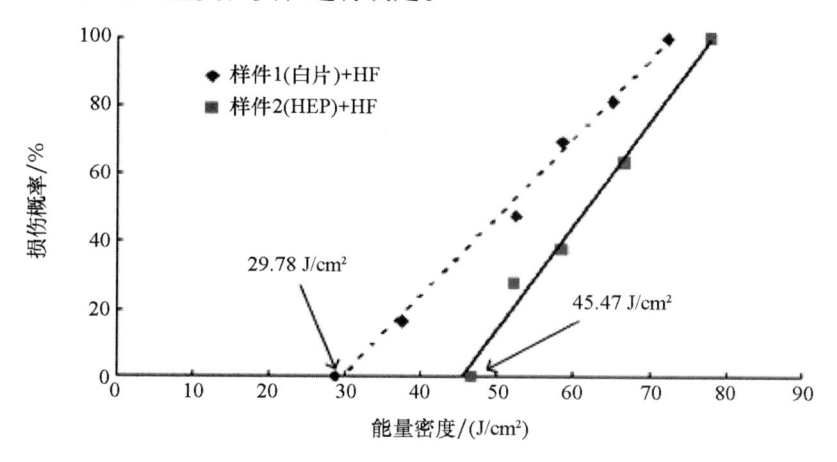

图 6.18　样件 1 和样件 2 损伤阈值比较

6.5　小结

基于前面章节对流体动压超光滑加工技术的研究成果，本章对不同类型光学材料的可加性进行了实验探索。利用优化工艺参数对离子束加工、磁流变加工的表面进行了质量提升实验，同时结合磁流变抛光实现了对圆形平面镜的全频域高精度加工。最后，对流体动压超光滑加工后表面的激光诱导损伤阈值的提高进行了实验探索。主要研究结论如下：

（1）流体动压超光滑加工对具有单一晶体相或玻璃相的单晶硅片、单晶石英以及非晶硅酸盐玻璃都具有良好的超光滑能力。对于复合相的微晶玻璃，由于晶体相和玻璃相结构差异导致不同成分材料去除的差异，加工后表面微观不平度增加，无法实现原子级超光滑表面的加工。

（2）不受亚表面损伤层的影响，流体动压超光滑加工能够迅速提升离子束和磁流变加工表面质量，表面粗糙度 RMS 值接近 0.1 nm，满足极紫外光刻技术中对光学元件表面粗糙度提出的要求。

（3）圆形平面镜加工实验表明，流体动压超光滑加工在提升中高频表面粗糙度的同时对低频面形误差具有良好的保持能力。

（4）流体动压超光滑加工不会造成表面或亚表面损伤，同时又能极大地降低表面粗糙度。激光打靶初步实验结果表明，流体动压超光滑加工可以有效提升光学元件的激光诱导损伤阈值。

参考文献

[1] 马占龙,刘健,王君林. 超光滑光学表面加工技术发展及应用[J]. 激光与光电子学进展, 2011, 48(8): 082202.

[2] 陈杨,陈建清,陈志刚. 超光滑表面抛光技术[J]. 江苏大学学报(自然科学版), 2003, 24(5): 55-59.

[3] 高宏刚,陈斌,曹健林. 超光滑光学表面加工技术[J]. 光学精密工程, 1995, 3(4): 7-14.

[4] 吴冬良. 确定性光学加工条件下制造误差的特性研究[D]. 长沙:国防科学技术大学, 2009.

[5] DINGER U, SEITZ G, SCHULTE S, et al. Fabrication and metrology of diffraction limited soft X-ray optics for the EUV microlithography[C]// Proceedings of the Advances in Mirror Technology for X-ray, EUV Lithography, Laser, and Other Applications, 2004.

[6] 姚汉民,胡松,邢廷文. 光学投影曝光微纳加工技术[M]. 北京:北京工业大学出版社, 2006.

[7] MURAKAMI K, OSHINO T, KONDO H, et al. Development of optics for EUV lithography tools[C]//Proceedings of the Emerging Lithographic Technologies XI, 2007.

[8] MIURA T, MURAKAMI K, SUZUKI K, et al. Nikon EUVL development progress update[C]//Proceedings of the Emerging Lithographic Technologies XI, 2007.

[9] WEISER M. Ion beam figuring for lithography optics[J]. Nuclear Instruments and Methods in Physics Research Section B: Beam Interactions with Materials and Atoms, 2009, 267(8/9): 1390-1393.

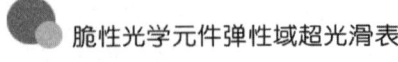

[10] SURATWALA T I, MILLER P E, BUDE J D, et al. HF-based etching processes for improving laser damage resistance of fused silica optical surfaces[J]. Journal of the American Ceramic Society, 2011, 94(2): 416-428.

[11] BLOEMBERGEN N. Role of cracks, pores, and absorbing inclusions on laser induced damage threshold at surfaces of transparent dielectrics[J]. Applied Optics, 1973, 12(4): 661-664.

[12] GÉNIN F Y, SALLEO A, PISTOR T V, et al. Role of light intensification by cracks in optical breakdown on surfaces[J]. Journal of the Optical Society of America A, Optics, Image Science, and Vision, 2001, 18(10): 2607-2616.

[13] 丁元法, 张跃, 张大海, 等. 石英玻璃分子动力学模拟中的原子电荷转移与系综选择[J]. 物理化学学报, 2010, 26(6): 1651-1656.

[14] 宋孝宗. 纳米颗粒胶体射流抛光机理及试验研究[D]. 哈尔滨: 哈尔滨工业大学, 2010.

[15] FEIT M D, RUBENCHIK A M. Influence of subsurface cracks on laser-induced surface damage[C]//Proceedings of the Laser-Induced Damage in Optical Materials, 2004.

[16] HED P P, EDWARDS D F, DAVIS J B. Subsurface damage in optical materials: origin, measurement and removal[C]//Proceedings of the Optical Fabrication and Testing, 1988.

[17] BIFANO T G, DOW T A, SCATTERGOOD R O. Ductile-regime grinding: a new technology for machining brittle materials[J]. Journal of Engineering for Industry, 1991, 113(2): 184-189.

[18] BUIJS M, HOUTEN K K V. Three-body abrasion of brittle materials as studied by lapping[J]. Wear, 1993, 166(2): 237-245.

[19] PRESTON F W. The structure of abraded glass surfaces[J]. Transactions of the Optical Society, 1922, 23(3): 141-164.

[20] COOK L M. Chemical processes in glass polishing[J]. Journal of Non-Crystalline Solids, 1990, 120(1/2/3): 152-171.

[21] CAMPBELL C T, PEDEN C H F. Oxygen vacancies and catalysis on ceria surfaces[J]. Science, 2005, 309(5735): 713-714.

[22] LEISTNER A J, THWAITE E G, LESHA F, et al. Polishing study using Teflon and pitch laps to produce flat and supersmooth surfaces[J]. Applied

Optics, 1992, 31(10): 1472 – 1482.

[23] NAMBA Y, TSUWA H. Ultra-fine finishing of sapphire single crystal[J]. Annals of CIRP, 1977, 25: 325 – 329.

[24] NAMBA Y, TSUWA H, WADA R, et al. Ultra-precision float polishing machine[J]. CIRP Annals, 1987, 36(1): 211 – 214.

[25] CHKHALOV N I, FEDORCHENKO M V, KRUGLYAKOV E P, et al. Ultradispersed diamond powders of detonation nature for polishing X-ray mirrors[J]. Nuclear Instruments and Methods in Physics Research Section A: Accelerators, Spectrometers, Detectors and Associated Equipment, 1995, 359(1/2): 155 – 156.

[26] DIETZ R W, BENNETT J M. Bowl feed technique for producing supersmooth optical surfaces[J]. Applied Optics, 1966, 5(5): 881.

[27] SHOREY A B. Mechanisms of material removal in magnetorheological finishing (MRF) of glass[D]. New York: University of Rochester, 2000.

[28] 石峰. 高精度光学零件磁流变抛光关键技术研究[D]. 长沙: 国防科学技术大学, 2009.

[29] DEGROOTE J E, MARINO A E, WILSON J P, et al. Removal rate model for magnetorheological finishing of glass[J]. Applied Optics, 2007, 46(32): 7927 – 7941.

[30] MENAPACE J A, DAVIS P J, STEELE W A, et al. MRF applications: on the road to making large-aperture ultraviolet laser resistant continuous phase plates for high-power lasers[C]//Proceedings of the Laser-Induced Damage in Optical Materials, 2006.

[31] GOLINI D, POLLICOVE H, et al. Computer control makes asphere production run of the mill[J]. Laser Focus World, 1995, 83 – 86.

[32] MESSNERA W, HALLA C, DUMASA P, et al. Manufacturing meter-scale aspheric optics [J]. Optical Manufacturing and Testing VII, 2007, 6671: 667106.

[33] PENG W Q, LI S Y, GUAN C L, et al. Improvement of magnetorheological finishing surface quality by nanoparticle jet polishing [J]. Optical Engineering, 2013, 52(4): 043401.

[34] LI Z Z, LI S Y, DAI Y F, et al. Optimization and application of influence function in abrasive jet polishing[J]. Applied Optics, 2010, 49(15): 2947 –

2953.

[35] MORI Y, YAMAUCHI Y, YAMAMURA K, et al. Development of plasma chemical vaporization machining and elastic emission machining systems for coherent X-ray optics[C]//Proceedings of the X-Ray Mirrors, Crystals, and Multilayers, 2001.

[36] MIMURA H, YUMOTO H, MATSUYAMA S, et al. Surface figuring and measurement methods with spatial resolution close to 0.1 mm for X-ray mirror fabrication[C]//Proceedings of the Advances in Metrology for X-Ray and EUV Optics, 2005.

[37] ZHANG F H, SONG X Z, ZHANG Y, et al. Figuring of an ultra-smooth surface in nanoparticle colloid jet machining[J]. Journal of Micromechanics and Microengineering, 2009, 19: 054009.

[38] 马占龙, 王君林. 微射流抛光机理仿真及实验研究[J]. 光电工程, 2012, 39(5): 139-144.

[39] 李显凌. 数控非接触式超光滑光学元件加工机床的设计[J]. 光学精密工程, 2012, 20(4): 719-726.

[40] WANG J L. Supersmooth polishing with sub-angstron roughness[C]//Proceedings of the 6th International Symposium on advanced optical manufacturing and testing technologies, 2012.

[41] WANG J L. Ultraprecision optical fabrication on fused silica[C]//Proceedings of the 6th International Symposium on advanced optical manufacturing and testing technologies, 2012.

[42] PENG W Q, GUAN C L, LI S Y. Material removal mode affected by the particle size in fluid jet polishing[J]. Applied Optics, 2013, 52(33): 7927-7933.

[43] KAUFMAN H R, READER P D, ISAACSON G C. Ion sources for ion machining applications[J]. AIAA Journal, 1977, 15(6): 843-847.

[44] 焦长君. 光学镜面离子束加工材料去除机理与基本工艺研究[D]. 长沙: 国防科学技术大学, 2008.

[45] 周林. 光学镜面离子束修形理论与工艺研究[D]. 长沙: 国防科学技术大学, 2008.

[46] XIE X H, ZHOU L, DAI Y F, et al. Ion beam machining error control and correction for small scale optics[J]. Applied Optics, 2011, 50(27):

5221-5227.

[47] ARNOLD T, BÖHM G, FECHNER R, et al. Ultra-precision surface finishing by ion beam and plasma jet techniques—status and outlook[J]. Nuclear Instruments and Methods in Physics Research Section A: Accelerators, Spectrometers, Detectors and Associated Equipment, 2010, 616(2/3): 147-156.

[48] 舒谊, 周林, 解旭辉, 等. 离子束倾斜入射抛光对表面粗糙度的影响[J]. 纳米技术与精密工程, 2012(4): 365-368.

[49] LIAO W L, DAI Y F, XIE X H, et al. Morphology evolution of fused silica surface during ion beam figuring of high-slope optical components[J]. Applied Optics, 2013, 52(16): 3719-3725.

[50] LIAO W L, DAI Y F, XIE X H, et al. Microscopic morphology evolution during ion beam smoothing of Zerodur© surfaces[J]. Optics Express, 2014, 22(1): 377-386.

[51] LIAO W L, DAI Y F, XIE X H, et al. Influence of local densification on microscopic morphology evolution during ion-beam sputtering of fused-silica surfaces[J]. Applied Optics, 2014, 53(11): 2487.

[52] MORI Y, YAMAMURA K, ENDO K, et al. Creation of perfect surfaces[J]. Journal of Crystal Growth, 2005, 275(1/2): 39-50.

[53] YAMAMURA K, SHIMADA S, MORI Y. Damage-free improvement of thickness uniformity of quartz crystal wafer by plasma chemical vaporization machining[J]. CIRP Annals, 2008, 57(1): 567-570.

[54] FANARA C, SHORE P, NICHOLLS J R, et al. A new reactive atom plasma technology (RAPT) for precision machining: the etching of ULE© surfaces[J]. Advanced Engineering Materials, 2006, 8(10): 933-939.

[55] 王东方. 大气等离子体加工熔石英材料过程的若干影响因素研究[D]. 哈尔滨: 哈尔滨工业大学, 2011.

[56] 张巨帆, 王波, 董申. 大气等离子体抛光技术在超光滑硅表面加工中的应用[J]. 光学精密工程, 2007, 15(11): 1749-1755.

[57] MORI Y, YAMAUCHI K, ENDO K. Elastic emission machining[J]. Precision Engineering, 1987, 9(3): 123-128.

[58] MORI Y, YAMAUCHI K, ENDO K. Mechanism of atomic removal in elastic emission machining[J]. Precision Engineering, 1988, 10(1): 24-28.

[59] KANAOKA M, TAKINO H, NOMURA K, et al. Removal properties of low-thermal-expansion materials with rotating-sphere elastic emission machining [J]. Science and Technology of Advanced Materials, 2007, 8(3): 170–172.

[60] KANAOKA M, LIU C L, NOMURA K, et al. Processing efficiency of elastic emission machining for low-thermal-expansion material [J]. Surface and Interface Analysis, 2008, 40(6/7): 1002–1006.

[61] TAKINO H, KANAOKA M, NOMURA K. Ultraprecision machining of optical surfaces [EB/OL]. [2022-05-08]. http://www.jspe.or.jp/english/sympo/2011s/2011s-1-2.pdf.

[62] MURAKAMI K, OSHINO T, KONDO H, et al. Development of optics for EUV lithography tools [C]//Proceedings of the Emerging Lithographic Technologies XI, 2007.

[63] 曹志强, 詹建明, 朱崇涛, 等. 液流悬浮超光滑加工中流体动压力对加工效果的影响[J]. 光学精密工程, 2008, 16(6): 1069–1074.

[64] 仇中军, 周立波, 房丰洲, 等. 石英玻璃的化学机械磨削加工[J]. 光学精密工程, 2010, 18(7): 1554–1561.

[65] SHIMIZU J, ZHOU L B, YAMAMOTO T. Molecular dynamics simulation of chemical reaction assisted grinding of silicon wafer by controlling interatomic potential parameters [J]. Journal of Computational and Theoretical Nanoscience, 2010, 7(10): 2165–2170.

[66] ZHOU L B, SHIINA T, QIU Z J, et al. Research on chemo-mechanical grinding of large size quartz glass substrate [J]. Precision Engineering, 2009, 33(4): 499–504.

[67] ZHOU L, EDA H, SHIMIZU J, et al. Defect-free fabrication for single crystal silicon substrate by chemo-mechanical grinding[J]. CIRP Annals, 2006, 55(1): 313–316.

[68] YAMAUCHI K, HIROSE K, GOTO H, et al. First-principles simulations of removal process in EEM (Elastic Emission Machining)[J]. Computational Materials Science, 1999, 14(1/2/3/4): 232–235.

[69] SONG X Z, ZHANG Y, ZHANG F H. Study on removal mechanism of nanoparticle colloid jet machining[J]. Advanced Materials Research, 2008, 53/54: 363–368.

[70] SHI F, SHU Y, DAI Y F, et al. Magnetorheological elastic super-smooth finishing for high-efficiency manufacturing of ultraviolet laser resistant optics [J]. Optical Engineering, 2013, 52: 075104.

[71] BAKAEV V A, BAKAEVA T I, PANTANO C G. A study of glass surface heterogeneity and silylation by inverse gas chromatography [J]. The Journal of Physical Chemistry B, 2002, 106(47): 12231-12238.

[72] CHARLAIX E, CRASSOUS J. Adhesion forces between wetted solid surfaces [J]. The Journal of Chemical Physics, 2005, 122: 184701.

[73] MICHALSKE T A, FREIMAN S W. A molecular interpretation of stress corrosion in silica [J]. Nature, 1982, 295: 511-512.

[74] 梁蒲, 檀柏梅, 刘玉岭, 等. 抛光液各组分在 SiO2 介质 CMP 中的作用机理分析 [J]. 半导体技术, 2010, 35(3): 252-255.

[75] IZUMITANI T S. Optical glass [M]. New York: American institute of physics, 1986: 92-98.

[76] ILER R K. The Chemistry of Silica: solubility, polymerization, colloid and surface properties and biochemistry of silica [M]. New York: John Wiley & Sons, Inc., 1979.

[77] LEED E A, PANTANO C G. Computer modeling of water adsorption on silica and silicate glass fracture surfaces [J]. Journal of Non-Crystalline Solids, 2003, 325(1/2/3): 48-60.

[78] BASSETT D R, BOUCHER E A, ZETTLEMOYER A C. Adsorption studies on hydrated and dehydrated silicas [J]. Journal of Colloid and Interface Science, 1968, 27(4): 649-658.

[79] 周永恒, 谢康, 顾真安. 石英玻璃脱羟机理的研究 [J]. 硅酸盐学报, 2001, 29(1): 59-62.

[80] 郭典清, 刘木清. 石英玻璃中羟基含量的红外光谱法测量 [J]. 照明工程学报, 2007, 18(2): 17-19.

[81] 周永恒, 李林, 杨学东, 等. 连熔石英玻璃的羟基 [J]. 硅酸盐通报, 2001, 增刊: 91-92, 83.

[82] WU X S, CHEN W Y, WANG L J, et al. Non-abrasive polishing of glass [J]. International Journal of Machine Tools and Manufacture, 2002, 42(4): 449-456.

[83] 刘向阳, 王立江, 高春甫, 等. 光学材料无磨料低温抛光的试验研究

[J]. 机械工程学报, 2002, 38(6): 47-50.

[84] 付涛. 几种无机纳米颗粒的合成,光学性质及应用研究[D]. 杭州: 浙江大学, 2009.

[85] 张鹏珍. 纳米氧化铈、氧化铝/氧化硅复合粒子的制备及其抛光性能的研究[D]. 上海: 上海大学, 2006.

[86] 曹阳. 结构与材料[M]. 北京: 高等教育出版社, 2003.

[87] 张朝辉, 雒建斌, 温诗铸. 化学机械抛光中纳米颗粒的作用分析[J]. 物理学报, 2005, 54(5): 2123-2127.

[88] XIE Y S, BHUSHAN B. Effects of particle size, polishing pad and contact pressure in free abrasive polishing[J]. Wear, 1996, 200(1/2): 281-295.

[89] ZHANG Z F, YU L, LIU W L, et al. Surface modification of ceria nanoparticles and their chemical mechanical polishing behavior on glass substrate[J]. Applied Surface Science, 2010, 256(12): 3856-3861.

[90] 陈宗淇, 王光信, 徐桂英. 胶体与界面化学[M]. 北京: 高等教育出版社, 2001.

[91] 危亮华, 傅毛生, 李艳花, 等. 氯化钠和六偏磷酸钠对氧化铈抛光ZF7玻璃的协同增强作用[J]. 过程工程学报, 2008, 8(6): 1241-1244.

[92] XU X F, LUO J B, GUO D. Nanoparticle-wall collision in a laminar cylindrical liquid jet[J]. Journal of Colloid and Interface Science, 2011, 359(2): 334-338.

[93] 丁莹如, 秦关林. 固体表面化学[M]. 上海: 上海科学技术出版社, 1988.

[94] ZHAO Y W, CHANG L, KIM S H. A mathematical model for chemical-mechanical polishing based on formation and removal of weakly bonded molecular species[J]. Wear, 2003, 254(3/4): 332-339.

[95] BIFANO T G, DOW T A, SCATTERGOOD R O. Ductile-regime grinding: a new technology for machining brittle materials[J]. Journal of Engineering for Industry, 1991, 113(2): 184-189.

[96] 王昆. 熔石英纳米压痕分子动力学仿真及实验研究[D]. 哈尔滨: 哈尔滨工业大学, 2012.

[97] ZHAO Y W, MAIETTA D M, CHANG L. An asperity microcontact model incorporating the transition from elastic deformation to fully plastic flow[J]. Journal of Tribology, 2000, 122(1): 86-93.

[98] BOOIJ S M. Fluid jet polishing [D]. Delft: Delft University of Technology, 2003.

[99] PENG W Q, GUAN C L, LI S Y. Material removal mode affected by the particle size in fluid jet polishing[J]. Applied Optics, 2013, 52(33): 7927-7933.

[100] FANG H, GUO P J, YU J C. Surface roughness and material removal in fluid jet polishing[J]. Applied Optics, 2006, 45(17): 4012-4019.

[101] GUO P J, FANG H, YU J C. Computer-controlled fluid jet polishing[J]. Proceedings of SPIE, 2007, 6722: 672210.

[102] 李兆泽. 磨料水射流抛光技术研究[D]. 长沙: 国防科学技术大学, 2011.

[103] HOSHINO T, KURATA Y, TERASAKI Y, et al. Mechanism of polishing of SiO_2 films by CeO_2 particles[J]. Journal of Non-Crystalline Solids, 2001, 283(1/2/3): 129-136.

[104] WANG Y G, ZHANG L C, BIDDUT A. Chemical effect on the material removal rate in the CMP of silicon wafers[J]. Wear, 2011, 270(3/4): 312-316.

[105] ZHANG Y H. Electronegativities of elements in valence states and their applications. 1. Electronegativities of elements in valence states[J]. Inorganic Chemistry, 1982, 21(11): 3886-3889.

[106] GILLISS S R, BENTLEY J, CARTER C B. Nanochemistry of ceria abrasive particles[J]. MRS Online Proceedings Library, 2004, 818(1): 200-205.

[107] SABIA R, STEVENS H J. Performance characterization of cerium oxide abrasives for chemical-mechanical polishing of glass [J]. Machining Science and Technology, 2000, 4(2): 235-251.

[108] KELSALL A. Cerium oxide as a route to acid free polishing[J]. Glass Technology, 1998, 39(1): 6-9.

[109] YUAN Q, DUAN H H, LI L L, et al. Controlled synthesis and assembly of ceria-based nanomaterials[J]. Journal of Colloid and Interface Science, 2009, 335(2): 151-167.

[110] DAN L, WU X L. Optical emission from SiO_x ($x = 1.2 - 1.6$) nanoparticles irradiated by ultraviolet ozone [J]. Journal of Applied

Physics, 2003, 94(11): 7288-7291.

[111] KIM M K, JANG B Y, LEE J S, et al. Microstructures and electrochemical performances of nano-sized SiO$_x$(1.18≤x≤1.83) as an anode material for a lithium(Li)-ion battery[J]. Journal of Power Sources, 2013, 244: 115-121.

[112] 苏英, 周永恒, 黄武, 等. 石英玻璃与HF酸反应动力学的研究[J]. 硅酸盐学报, 2004, 32(3): 287-293.

[113] MORI Y, YAMAMURA K, ENDO K, et al. Creation of perfect surfaces[J]. Journal of Crystal Growth, 2005, 275: 39-50.

[114] 施春燕, 袁家虎, 伍凡, 等. 射流抛光喷嘴的设计[J]. 光电工程, 2008, 35(12): 131-135.

[115] PENG W Q, GUAN C L, LI S Y. Surface quality of silicon wafer improved by hydrodynamic effect polishing[C]//Proceedings of the 7th International Symposium on Advanced Optical Manufacturing and Testing Technologies: Advanced Optical Manufacturing Technologies, 2014.

[116] 佐晓波. 超精密机床自补偿液体静压轴承设计与特性研究[D]. 长沙: 国防科学技术大学, 2013.

[117] KIM J D. Motion analysis of powder particles in EEM using cylindrical polyurethane wheel[J]. International Journal of Machine Tools and Manufacture, 2002, 42(1): 21-28.

[118] 朱龙根. 简明机械零件设计手册[M]. 北京: 机械工业出版社, 1997.

[119] PENG W Q, GUAN C L, LI S Y. Ultrasmooth surface polishing based on the hydrodynamic effect[J]. Applied Optics, 2013, 52(25): 6411-6416.

[120] SU Y T, WANG S Y, HSIAU J S. On machining rate of hydrodynamic polishing process[J]. Wear, 1995, 188(1/2): 77-87.

[121] WANG S Y, SU Y T. An investigation on machinability of different materials by hydrodynamic polishing process[J]. Wear, 1997, 211(2): 185-191.

[122] ZHANG L H, WANG J L, ZHANG J. Super-smooth surface fabrication technique and experimental research[J]. Applied Optics, 2012, 51(27): 6612-6617.

[123] ZHU D, WEN S Z. A full numerical solution for the thermoelastohydrodynamic problem in elliptical contacts[J]. Journal of Tribology, 1984, 106(2): 246-254.

[124] XIE Y S, BHUSHAN B. Effects of particle size, polishing pad and contact pressure in free abrasive polishing[J]. Wear, 1996, 200(1/2): 281-295.

[125] CAMP D W, KOZLOWSKI M R, SHEEHAN L M, et al. Subsurface damage and polishing compound affect the 355-nm laser damage threshold of fused silica surfaces[C]//Proceedings of the Laser-Induced Damage in Optical Materials, 1998.

[126] HU G H, ZHAO Y A, LI D W, et al. Studies of laser damage morphology reveal subsurface feature in fused silica[J]. Surface and Interface Analysis, 2010, 42(9): 1465-1468.

[127] CARR J W, FEARON E, SUMMERS L J, et al. Subsurface damage assessment with atomic force microscopy[C]//Proceedings of the 1st International Conference and General Meeting of the European Society for Precision Engineering and Nanotechnology, 1999.

[128] 王卓. 光学材料加工亚表面损伤检测及控制关键技术研究[D]. 长沙: 国防科学技术大学, 2008.

[129] MA B, SHEN Z X, HE P F, et al. Evaluation and analysis of polished fused silica subsurface quality by the nanoindenter technique[J]. Applied Optics, 2011, 50(9): C279-C285.

[130] XIAO K, BAO L, WANG W, et al. Analysis of subsurface damage during fabrication process and its removal[C]//Proceedings of the Pacific Rim Laser Damage Symposium: Optical Materials for High Power Lasers, 2011.

[131] SURATWALA T I, MILLER P E, BUDE J D, et al. HF-based etching processes for improving laser damage resistance of fused silica optical surfaces[J]. Journal of the American Ceramic Society, 2011, 94(2): 416-428.

[132] WONG L, SURATWALA T, FEIT M D, et al. The effect of HF/NH4F etching on the morphology of surface fractures on fused silica[J]. Journal of Non-Crystalline Solids, 2009, 355(13): 797-810.

[133] XIN K, LAMBROPOULOS J C. Densification of fused silica: effects on nanoindentation[C]//Proceedings of International Symposium on Optical Science and Technology, 2000.

[134] 孙渊, 张栋, 午丽娟, 等. 材料残余应力对硬度测试影响程度的分析[J]. 华东理工大学学报(自然科学版), 2012, 38(5): 652-656.

[135] 卜晓雪, 包亦望. 表面残余应力对玻璃压痕参数的影响[J]. 稀有金属

材料与工程, 2007, 36(增刊2): 334-336.

[136] HAMROCK B J. Fundamentals of Fluid Film Lubrication[R]. Washington, D. C.: NASA, 1991.

[137] CHENG H S, DYSON A. Elastohydrodynamic lubrication of circumferentially-ground rough disks[J]. A S L E Transactions, 1978, 21(1): 25-40.

[138] SU Y T, HORNG C C, HWANG Y D, et al. Effects of tool surface irregularities on machining rate of a hydrodynamic polishing process[J]. Wear, 1996, 199: 89-99.

[139] BORYCZKO A. Cylindrical surface irregularities presented by frequency spectra of relative tool displacement to the workpiece[J]. Measurement, 2010, 43: 586-595.

[140] ZHU D, CHENG H S. Effect of surface roughness on the point contact EHL[J]. Journal of Tribology, 1988, 110: 32-37.

[141] 袁征. KDP晶体离子束抛光理论与工艺研究[D]. 长沙: 国防科学技术大学, 2013.

[142] 程灏波, 冯之敬, 王英伟. 磁流变抛光超光滑光学表面[J]. 哈尔滨工业大学学报, 2005, 37(4): 433-436.

[143] 程灏波, 王英伟, 冯之敬. 永磁流变抛光纳米精度非球面技术研究[J]. 光学技术, 2005, 31(1): 52-54.

[144] 杨志甫, 杨辉, 李成贵, 等. 基于HHT的微晶玻璃超光滑表面抛光[J]. 光学精密工程, 2008, 16(1): 35-41.

[145] 赵铁钧, 田小梅, 高波, 等. 电子束表面处理的研究进展[J]. 材料导报, 2009, 23(5): 89-91.

[146] MORI Y. Electron beam assisted EEM method: EP 1920883 A4 20110615 (EN)[P]. 2011-06-15.

[147] 舒勇. 熔石英元件损伤可控高效阈值提升工艺关键技术研究[D]. 长沙: 国防科学技术大学, 2014.

[148] LAURENCE T A, BUDE J D, LY S, et al. Extracting the distribution of laser damage precursors on fused silica surfaces for 351 nm, 3 ns laser pulses at high fluences (20-150 J/Cm2)[J]. Optics Express, 2012, 20(10): 11561-11573.

[149] 邱荣. 强激光诱导光学元件损伤的研究[D]. 绵阳: 中国工程物理研究院, 2013.